"十四五"时期国家重点出版物出版专项规划项目

主编：傅诚德　｜　副主编：高瑞祺　章卫兵

走进石油（第二版）

Touch the Petroleum

探索地下石油奥秘
——石油地质

干大锐　岳　佳　编著

石油工业出版社

图书在版编目（CIP）数据

探索地下石油奥秘：石油地质 / 王大锐，岳佳编著 . —北京：石油工业出版社，2023.12

（走进石油：第二版）

ISBN 978-7-5183-6464-0

Ⅰ.①探… Ⅱ.①王… ②岳… Ⅲ.①石油天然气地质 – 普及读物 Ⅳ.① TE1-49

中国国家版本馆 CIP 数据核字（2023）第 238820 号

出版发行：石油工业出版社
（北京安定门外安华里 2 区 1 号　100011）
网　　址：www.petropub.com
编辑部：（010）64523544　图书营销中心：（010）64523633
经　　销：全国新华书店
印　　刷：北京中石油彩色印刷有限责任公司

2023 年 12 月第 1 版　2023 年 12 月第 1 次印刷
710×1000 毫米　开本：1/16　印张：16.25
字数：198 千字

定价：80.00 元
（如出现印装质量问题，我社图书营销中心负责调换）

版权所有，翻印必究

《走进石油》(第二版)

丛书编委会

主　任：匡立春

副主任：傅诚德　江同文　雷　平

委　员：李　宁　苏义脑　胡文瑞　黄维和　徐春明　邹才能
　　　　高瑞祺　王大锐　吴　奇　胡　杰　何盛宝　马宝金
　　　　闫伦江　王　震　曾　萍　李俊军　张　镇　王雪松
　　　　章卫兵

丛书编写组

主　编：傅诚德

副主编：高瑞祺　章卫兵

成　员：(按姓氏笔画排序)

　　　　马新福　王长会　方　可　丛者峰　吕焕通　刘明明
　　　　闫建文　李　中　李　欣　张贺恩　陈朋超　武宏亮
　　　　周英操　庞奇伟　孟祥海　胡才仲　娄舒洁　崔玉波
　　　　葛稚新　谢水祥　潘玉全

序（第二版）

石油和天然气作为世界主要能源和优质化工原料，是当今社会经济发展中最重要的生产力要素之一。目前，世界能源消费结构份额中，石油占比最大，石油与天然气占比合计超过一半。一个国家对石油和天然气的拥有量和占有量已成为其综合国力的重要标志。半个世纪前，美国前国务卿基辛格博士曾说，谁控制了石油，谁就控制了所有国家。石油的供需状况不仅在相当大的程度上直接影响一个国家的经济稳定和战略安全，而且往往成为影响一个地区乃至全球政治经济秩序的重要因素。

当前，以可再生能源＋能源互联网为核心的第三次工业革命正在快速推进，大力发展可再生能源已成为全球能源革命和应对全球气候变化的普遍共识。在国家"碳达峰、碳中和"目标背景下，石油工业面临能源结构调整的巨大压力，也迎来了推进绿色低碳转型和能源科技创新的时代机遇。据多家权威机构预测，石油和天然气仍然是人类近 50~100 年的主导能源，世界各国继续把发展石油和天然气，保持和增加对其拥有量和占有量作为重大战略问题。科学技术越发成为保障国家能源安全，提升石油行业竞争力的重要手段。

科技创新、科学普及是实现创新发展的两翼。许多伟大的科学家和创新者都是通过科学普及这扇大门进入神秘的科学世界。为了让国内外更多读者了解石油、走进石油，2006 年由中国石油学会科普教育委员会和石油工业出版社共同组织出版了《走进石油》科普丛书。丛书由傅诚德教授主编，侯祥麟、田在艺两位院士作序，出版后受到我国石油科技界和社会大众的广泛支持和欢迎。

近年来，世界石油科技突飞猛进，新能源产业也在蓬勃发展，新理论、新方法、新工艺层出不穷，大数据、云计算、人工智能等新技术与石油工业的融合日趋紧密，因此亟待向业内和社会大众推广和普及。《走进石油》（第二版）在第一版10个分册的基础上扩充到15个分册，条目由600多条增加到1200多条，涵盖了石油石化行业完整的知识链，内容新颖，图文并茂，是一套兼具科学性、通俗性和趣味性的科普丛书。读者看到的不仅仅是一个又一个知识闪光点，还将回眸石油科技创新和发展的非凡历程，感受科技工作者创新创造的科学家精神，触摸石油工业无比璀璨的未来。

在此，谨对《走进石油》（第二版）的出版表示热烈祝贺。我相信，随着这套丛书的出版发行，一定会有更多的读者以此为阶梯，迈向石油科学技术的高峰。

时任中国科协党组书记、分管日常工作副主席、书记处第一书记
现任国务院国有资产监督管理委员会党委书记、主任
中国工程院院士

编者的话

石油，顾名思义，就是石头里产出来的油。和煤、铁、铜、金等矿藏一样，石油也是一种产于地壳中的宝贵矿藏，但它以一种流体形态赋存于地下。世界上第一个提出"石油"这一科学命名的人是中国北宋科学家、曾任陕西延安府太守的沈括（1031—1095）。在他所著的《梦溪笔谈》中记载："鄜、延（即鄜、延二州，今陕西延安一带）境内有石油，旧说'高奴县出脂水'，即此也。"他还曾预言"此物后必大行于世，自余始为之"。而在国外，直至1556年才由德国人乔治·拜耳提出石油（Petroleum）一词，Petro指岩石，Oleum指油脂，二者合在一起即石油。中国沈括命名石油比西方国家早了约500年。

无论是作为燃料，还是以它为原料制成的各种产品，石油已经渗透到人类社会的各个领域。汽车、飞机和轮船使用的汽油、航空煤油、柴油等动力燃料由石油炼制而来，人们日常生活中离不开的塑料、橡胶制品和绚丽多彩的服装鞋帽等，都与石油息息相关。因此，石油有了"工业的血液""黑色的金子"等美誉。石油如此珍贵，不仅在改变着人们的生活，也让世界上有些国家为争夺石油资源而上演一场场惊心动魄的地缘争斗。据统计，20世纪后半叶发生的地区冲突大多与石油有关。

石油工业的发展和石油科学技术的进步，不仅对国家能源安全、国民经济建设和国防现代化具有重要意义，而且与全面建设小康社会以及人们的衣、食、住、行紧密相关。为了让广大读者一探石油工业的究竟，更深入地理解石油与我们生活的关系，促进石油科技知识的传播，中国石油学会科普教育委员会和石油工业出版社于2006年共同组织出版了石油科普系列丛书《走进石油》（第一版），丛书由傅诚德教授主编，石油行业内100多位知名专家参与编写，包括《石油地质》《石油地球物理勘探》《石油地球物理测井》《石油钻井》《石油开发》《石油开采》《石油储存与运输》《石油炼制与化工》《石油经济》《石油环境保护》10个分册。中国科学院与中国工程院两院院士、中国石油学会名誉理事长、原石油工业部副部长侯祥麟先生和中国科学院院士、中国石油学会第一届科普教育委员会主任田在艺先生多次指导并为丛书作序。《走进石油》（第一版）自2006年出版以来，受到社会各界读者的广泛好评，2009年作为主要书目入选由中宣部、中央文明办、新闻出版总署主办的"全民阅读"优秀项目——中国石油"千万图书送基层，百万员工品书香"活动。丛书重印5次，累计发行7.6万余套，合计76万余册，多年来一直是中国石油远程培训的重要教材之一。

《走进石油》（第一版）出版至今已有将近20年时间。近20年来，石油科技迅速发展，计算机、互联网、物联网技术在石油工业得到全面应用，石油勘探、石油开发、炼油化工等专业技术与大数据、人工智能、数字孪生等数字技术深度融合，碳纤维等高分子材料、复合材料更深入地向多领域延伸，氢能、太阳能、核能等新能源技术和"双碳三新"目标的提出正在加速推动石油工业的转型，石油科技正在全面突飞猛进，石油行业的新理论、新技术和新方法层出不穷，因此《走进石油》（第一版）已经难以满足当前石油科技知识普及的需求。为此，2020年傅诚德教授和高瑞祺教授提议对《走进石油》（第一版）进行修订，得到了中国石油科技管理部和石油工业出版社的大力支持和积极响应。

侯祥麟院士在《走进石油》（第一版）序中强调"科学的发展和技术的创新，只有被公众掌握，才能变成巨大的生产力，才能加快科技成果向现实生产力的转化"。为了更好达此目标，使《走进石油》（第二版）内容质量和展现形式更上一层楼，丛书编委会从一开始顶层设计就集思广益，聚贤汇智，由苏义脑、胡文瑞、黄维和、邹才能、徐春明、李宁六位院士和行业权威专家分别担任 15 个分册的主编，150 多位技术专家参与编写，20 余家石油石化企业、科研院所、行业学会（协会）鼎力支持。

《走进石油》（第二版）是一套理念先进、体系完整、知识丰富的科普巨制；以 1200 多个知识点，构成了系统完整的石油石化知识链，并依托丰富的表现形式，为读者拓宽了"走进石油"的路径。一是对知识体系进行合理扩展：将第一版的《石油炼制与化工》分册扩展为《石油炼制》和《石油化工》两个分册，增加《天然气》《海洋石油》《新能源》《智慧石油》4 个分册，全景再现了石油工业全产业链的知识景观；二是对技术亮点进行有序重构：准确把脉石油行业主体学科专业新理论、新技术、新工艺、新成果以及发展趋势，突出读者关注度较高、应用效果显著的知识点，让每一分册都能够形成主次分明、重点突出的亮点结构；三是对新兴科技进行科学展望，呈现其广阔的发展前景。

为了使《走进石油》（第二版）在第一版的基础上增强文章的科普性、趣味性，丛书编委会对编写组织和图书表现手法等进行了独特的探索。在第二版中，由技术专家与科普作家深度参与协同创作，实现了内容科学性、通俗性、趣味性的统一；首次使用富媒体技术，实现了视觉空间展现与平面阅读方式的融合；首次面向全社会征集"油博士"卡通形象，让"油博士"引领读者走进石油，实现了各分册知识板块的有机结合；首次采用系列自创插图，使读者通过插图扫除文字理解障碍，引领阅读进入"读图时代"。

《走进石油》（第二版）的出版，不仅是向社会推出的一套传播石油知识的图书，更是一项提高全民科学素质的文化工程，其意义将随着时间的推移愈显重要。特别指出的是，为了这项文化工程的如期完工，编写队伍付出了巨大的努力。在三年多的创作时间里，适逢百年不遇的新冠肺炎疫情肆虐，编写组成员克服各种困难完成了撰写任务。

在本套丛书的编写出版中，中国石油科技管理部领导给予了重要指导和支持，中国科协、中国石油学会、中国化工学会、中国石油科协、中国石油大学（北京）、中国石油大学（华东）、长江大学、西南石油大学、东北石油大学、西安石油大学、中国石油勘探开发研究院、中国石油深圳新能源研究院、中国石油石油化工研究院、中国石油工程技术研究院、中国石油安全环保技术研究院、中国石油东方地球物理勘探有限责任公司、中国石油海洋工程有限公司、中国石油数字和信息化管理部、中国海油能源经济研究院、国家管网集团科学技术研究总院、昆仑数智科技有限责任公司等企业单位、科研院所、学会（协会）和高等院校提供了大力支持，在此表示由衷感谢！石油工业出版社对本套丛书的编写出版非常重视，专门配备了最强编辑力量配合作者和丛书编写组完成稿件编写和审核，向石油工业出版社提供的支持表示感谢！最后，向在本套丛书策划、编写、审稿和出版过程中提供创意、建议和意见的专家表示感谢，也向每一位不计得失、笔耕不辍的作者表示诚挚的谢意！

　　社会希望了解石油，石油工业的发展需要社会的支持。希望我们精心组织编写的石油科普系列丛书——《走进石油》（第二版）能为广大读者了解石油工业提供帮助，更能为我国石油工业的发展贡献一份力量！

分册前言

石油被人们喻为"乌金",赞美为"工业的血液"。在科学技术迅猛发展的今天,石油连同其"孪生姐妹"天然气一起编织出一个巨大的现代产业链,其产品和衍生出的各种副产品令世人目不暇接,为我们的生活增光添彩,其无穷的魅力深刻地影响着当今社会文明的进步。在可以预见的未来,石油天然气作为燃料的部分功能可能会被部分替代甚至完全取代,但是,作为能源和化工原料,将依然是现代文明社会须臾不可或缺的能源保障。它们过去、现在和将来都在悄然改变自身的功能形态,正在成为可能威胁他国安全的战略"武器",同时也构成确保一个国家安全的战略资源。

仔细阅读《走进石油》科普系列丛书,你会为当代最庞大而复杂的系统工程之一的石油工业所蕴藏的奥秘而称奇。你将惊异地发现,洞悉石油工业的由来与发展,必将开阔你的历史视野;了解以油气为主线编织的庞杂现代产业链,定会拓展你对科学、技术与社会间复杂链接的审视空间;认识石油工业在当今世界的独特地位和社会功能,必将增强你把握文明社会的走向和国家、集团间错综复杂战略关系的能力。

石油天然气工业的基础是找到石油和天然气,开发利用它们,"石油地质"就是基础的"基础"。我们热情地欢迎你走进石油工业的"大门",你会穿越时光隧道,进入那遥远的地质历史时期,领略大自然的神奇造化。地球的结构、构造和组成是什么?发展演化过程中它如何造就了孕育油气形成的地质环境和赋存空间?油气是怎样生成的?人们又如何才能寻找到它呢？解答这些既有深奥科学道理又饶有趣味的问题，正是编写本篇的意图。

为了便于你获取相关知识，本篇从了解我们赖以生存的家园——地球入手，介绍了石油天然气形成的地质环境和油气藏孕育的地质过程，阐述了油气藏（田）勘探如何实施和决策的知识内容，并配以丰富的插图图文并茂地增加你阅读的兴趣。感谢各位专家学者为本书提供了大量资料和图片，部分图片选自摄图网，还有的图片和引用文献未在书中一一标注，在此向作者致以深深的敬意。

当你在紧张的学习工作之余，一一浏览完本篇各节，你的脑海就会呈现出一幅完整的历史画卷。我们的地球从远古走来，留下演化轨迹。催生生物繁衍，奠定油气资源。油气遍布全球，但并非无处不在。油气勘探辛苦艰难，勘探者也乐在其间。神州大地充满机遇，勘探事业欣喜空前。你会为发现大庆油田的壮举至今依然赞叹不已，更加坚定发展祖国石油工业的信念。你会深刻理解全球石油天然气工业的走向，我国石油健儿的历史使命任重而道远！

限于作者知识水平，书中不足之处在所难免，敬请读者给予批评指正。

目录 Contents

一　人类家园的秘密 / 001

　　地球，人类赖以生存的家园，在宇宙的无垠时空中，只是一个微小的存在，但它已经走过了四十六亿年。在漫长的演化过程中，地球经历了哪些不为人知的秘密？它遭受了何等的浩劫，又经历了怎样的磨难，才孕育了生命，形成了现在的蔚蓝星球？

1.1　地球表面的圈层结构　/002
1.2　地球有颗"火热的心"　/004
1.3　漂移着的大陆　/008
1.4　沧海变桑田　/011
1.5　石头的来历与种类　/015
1.6　有机矿产的聚集地——沉积岩　/018
1.7　岩石的年龄是怎么测定的？　/020
1.8　鸿篇巨制的地球编年史　/022
1.9　地球史书中的特殊文字——化石　/026
1.10　大自然的杰作——盆地　/029
1.11　形形色色的含油气盆地　/032
1.12　地壳活动的踪迹——断层、褶皱和地震　/035
1.13　海相沉积与陆相沉积之辨　/039
1.14　中国巨型油气区的"华丽转身"　/043

二 油气生成与油气藏形成 /047

石油，与人类的生活息息相关，深刻影响着人们的衣食住行。那么，什么是石油，它由什么物质生成？亿万年的地质历史，石油经历了怎样的演化？石油在地下是怎么储存的，储存在哪里，是不是地球上每个地方都有石油，要保存住石油需要哪些必要的条件？

2.1 "此物后必大行于世"——石油 /048

2.2 清洁能源——天然气 /051

2.3 "石油"一词出自何方 /053

2.4 石油藏在石头里 /056

2.5 孕育石油和天然气的"母体" /057

2.6 什么样的岩石能够生成石油？ /061

2.7 哪些条件有利于油气的生成？ /063

2.8 "石油酿造缸"的前世今生 /065

2.9 百年未决案——石油成因大争论 /068

2.10 油与铀富集之谜 /072

2.11 神奇的油盐共生 /074

2.12 能源奇葩——煤与油页岩的共生 /076

2.13 "低熟油"——一个被重新认识的领域 /079

2.14 什么是"陆相生油理论"？ /082

2.15 煤也能生成石油与天然气吗？ /087

2.16 深部天然气的重要来源——泥火山 /089

2.17 地壳深处有石油和天然气吗？ /091

2.18 地壳深部古老的油气资源来自何处？ /094

2.19 岩层中的天然榨油机 /096

2.20　微细裂缝的奇妙作用　/098

2.21　油、气、水"分家"　/100

2.22　油气是怎样被运进"藏"的？　/104

2.23　涓涓细流成油"海"　/106

2.24　盖层、圈闭和油气藏　/108

2.25　油、气的"孪生兄弟"——油田水　/111

2.26　石油中的蜡从哪里来？　/113

2.27　天然气是怎样生成的？　/115

2.28　断层——油藏的"催生婆"与"破坏者"　/117

2.29　良好的油气聚集地——三角洲沉积区　/120

2.30　形成大型油气田需要哪些特殊地质条件？　/123

2.31　什么是油砂体？　/124

2.32　从油气藏到油气田　/126

2.33　什么是凝析气田？　/128

2.34　为什么有的地方多产石油而有的地方多产天然气？　/129

2.35　多姿多彩的油气藏之一：构造油气藏　/131

2.36　多姿多彩的油气藏之二：地层油气藏　/134

2.37　多姿多彩的油气藏之三：岩性油气藏　/136

2.38　多姿多彩的油气藏之四：火山岩油气藏　/139

2.39　多姿多彩的油气藏之五：碳酸盐岩油气藏　/141

2.40　多姿多彩的油气藏之六：基岩与变质岩油气藏　/144

2.41　我国近海的"聚宝盆"　/146

2.42　油气田的破坏　/148

2.43　油气田的再生与演变　/151

三 展露头角的非常规油气资源 / 155

近年来,"非常规油气"不时见于各类媒体,从油气行业的一个专业术语成了寻常百姓耳熟能详的热点词汇。那么,什么是非常规油气,与常规油气有什么区别,有哪些类型,开发方式、开采技术是否与常规油气一样,资源储量是否丰富?

3.1 "非常规"油气——能源家族的新成员 / 156

3.2 "网红"能源——页岩油气 / 157

3.3 致密油是怎样形成的? / 160

3.4 "煤层瓦斯"也是宝 / 161

3.5 什么是油砂? / 163

3.6 为什么有的石油重似沥青
而有的又轻如汽油? / 164

3.7 为什么有的石头可以点燃? / 167

3.8 藏在极其微细孔隙内的油和气
——纳米级孔喉储层 / 170

3.9 有不能燃烧的天然气吗? / 172

四 茫茫大地寻油气 / 175

人类认识石油已有几千年的历史,古人溪水捞油,现代油气地质勘探人员运用各种高精尖技术辅助找油。茫茫大地,到何处找油?在几千平方千米、几万平方千米甚至几十万平方千米的盆地中,如何快速高效地确定尺寸之地的石油钻井井位?在几千米的地下深处,如何了解哪一层储存有石油,如何确定钻井的深度?

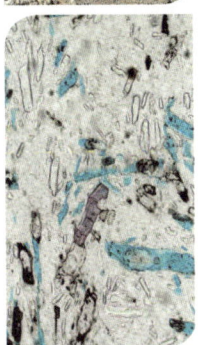

4.1　石油，人类与你相识已久　/ 176

4.2　华夏大地的石油与利用　/ 177

4.3　苗栗最早飘油香　/ 181

4.4　地质队员"三件宝"，茫茫荒野找油忙　/ 183

4.5　地表、海底油苗——无声的线索　/ 185

4.6　探地神器——地球物理勘探　/ 187

4.7　地质人常念的六字真言　/ 190

4.8　直接与间接勘探的利与弊　/ 191

4.9　岩心——窥探地下秘密的"窗口"　/ 194

4.10　小小化石定乾坤　/ 197

4.11　明察秋毫的分子化石　/ 200

4.12　打开渤海湾油气藏的两把"金钥匙"　/ 202

4.13　新中国石油工业的历史性转折点
　　　——松基3井喷油　/ 204

4.14　吹响勘探的"进军号"
　　　——从"野猫井"到发现井　/ 207

4.15　油气田是怎样找到的之一：
　　　揭开盆地的秘密　/ 211

4.16　油气田是怎样找到的之二：
　　　找准主攻方向　/ 212

4.17　油气田是怎样找到的之三：
　　　解剖构造带，精心部署钻探　/ 213

五　资源的利用与保护　/ 217

　　油气作为矿产资源，为人类经济社会发展提供了动能；但它也是化石能源，是不可再生的资源，不能无限制地利用甚至浪费。全球油气资源主要分布在哪些国家和地区，其储产量如何，为什么中东会有"世界油库"之称？在油气对外依存度居高不下的今天，如何保障我国的能源安全？

5.1　保护不可再生的油气资源　/ 218

5.2　发现的油气资源能采出多少？　/ 220

5.3　祖国遍开"石油花"　/ 222

5.4　为什么中东有"世界油库"之称？　/ 223

5.5　石油会被采完吗？　/ 226

5.6　人类可以造出石油吗？　/ 228

5.7　煤"变"油可行吗？　/ 230

5.8　中国油气田之最　/ 232

5.9　全球油气资源知多少　/ 234

5.10　向地球的深度进军　/ 237

参考文献　/ 240

一　人类家园的秘密

地球,人类赖以生存的家园,在宇宙的无垠时空中,只是一个微小的存在,但它已经走过了四十六亿年。在漫长的演化过程中,地球经历了哪些不为人知的秘密?它遭受了何等的浩劫,又经历了怎样的磨难,才孕育了生命,形成了现在的蔚蓝星球?

1.1 地球表面的圈层结构

地球,是人类赖以生存的家园,在浩瀚的宇宙中已经存在了四十多亿年。地球在漫长的演化过程中,经历了难以计数的"浩劫"和"改造",有来自天体的,有地球自身的,当然,还有人类的破坏。

地球的圈层结构十分复杂(图1.1)。各圈层彼此相互作用、时刻进行着物质交换。

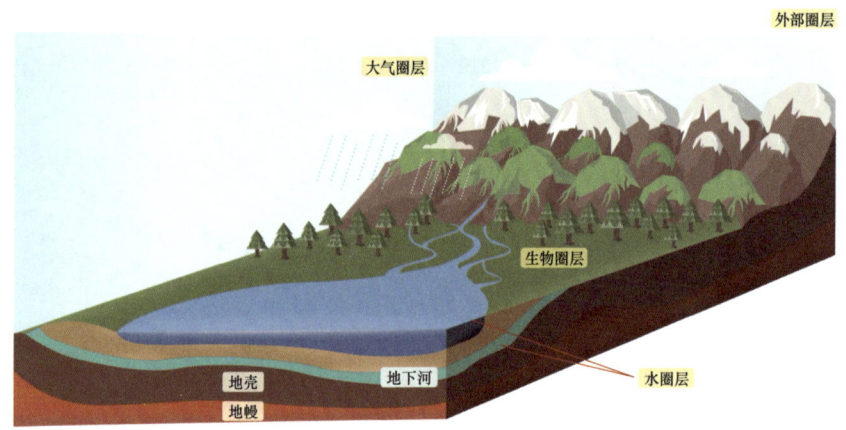

图1.1 地球表面圈层结构

从最外圈往内看,首先是大气圈。它看不见也摸不着,它是人类和地球上绝大多数生物的保护圈,它能吸收太阳的超紫外线、扩散光线,还能使地球表层免受陨石的直接轰击。科学家已经计算出:一个成年人一昼夜要呼吸 13 立方米的空气,呼出约 1.3 千克二氧化碳,需要三棵枝繁叶茂的大树才能把这些二氧化碳转化成氧气。人在生命过程中呼出二氧化碳,生活中的各种燃烧也产生二氧化碳。这些二氧化碳返回到大气圈里,通过植物的光合作用将二氧化碳转变成植物体纤维或细胞质,使碳固定下来,析出的氧又返回到大气圈。

然后是水圈,包括地球表面的海洋、河流、湖泊及地下水。全球海洋总面积约 3.6 亿平方千米，约占地球面积的 71%，其容积约为 13.7 亿立方千米。太平洋、大西洋和印度洋的主体部分，平均深度都超过 4000 米。在海水中已发现的化学元素超过 80 种。海水中的溶解物质不仅影响着海水自身的物理化学特征，而且也为生物的诞生提供了营养物质和生存环境。海洋是生命的摇篮，科学家证实，地球上最早的原始生命产生在海洋中，如今，绝大多数的动物门类也都生活在海洋中。陆地的地下水也是水圈的重要组成部分，在全球范围内，除了冰川和冰盖，目前人类容易利用的液态淡水资源主要是河流、湖泊及地下水，而地下水约占液态淡水总量的 99%。由此可见，地下水在供给人类和其他生物的需求上占有举足轻重的地位。

生物圈，它是地球表面的另一个圈层，从南极到北极，从陆地到海洋，从平地到高山，生物无处不在。地球上的生物目前有 200 万～450 万种之多，已经绝灭的物种更是不计其数。除了人们熟知的动、植物外，还有大量的、人类用肉眼看不见的微生物等。地球上的生物生生不息，已经死亡的生物可以转换成其他的有机质，也可以转变成石油、天然气和煤炭，科学家已经证实了"生物成矿"的可能性。

岩石圈，地球的表层是地壳，绝大部分由岩石组成，它们构成了地球的岩石圈。岩石圈不是一个厚度均匀的圈层，由于地球表面有陆地和海洋，所以又有大陆地壳和大洋地壳之分。大陆地壳比大洋地壳厚得多，一般厚度为 33～41 千米，最厚的地方为 50～70 千米，而海洋壳一般为 5～15 千米。我国的青藏高原是世界上地壳厚度最大的地区之一，厚度可以达到 70 千米。地球的岩石圈已经形成 40 多亿年。在漫长的地史时期，它无时无刻不在变化，从成分、结构、构造直至地球表面的形态。这种使岩石圈发生变化的作用就是地质作用。

大气圈、水圈、生物圈和岩石圈组成了地球表面最基本的圈层，它们相互作用。水圈和大气圈通过水的蒸发、凝结、降水和气体的溶解、挥发等相互渗透和影响。固体的地球界面上下，是大气和水最为活跃的场所。岩石圈的物质也在不断运动，并通过火山喷发等形式进入水圈和大气圈。生物生存于岩石圈、水圈和大气圈的交接带，它们消耗着资源和能源，然后又产生新的物质。石油和天然气等能源正是这种地球各个圈层长期相互作用的产物。

如果细心观察身边的世界,你会发现许多地球表面各圈层相互作用的现象,以及这种相互作用不断地改变地球面貌遗留下的痕迹。

> **小贴士**
>
> 青藏高原(Qinghai-Tibet Plateau),亚洲内陆高原,是中国最大、世界海拔最高的高原,被称为"世界屋脊""第三极"。南起喜马拉雅山脉南缘,北至昆仑山、阿尔金山脉和祁连山北缘,西部为帕米尔高原和喀喇昆仑山脉,东及东北部与秦岭山脉西段和黄土高原相接,介于北纬26°00′~39°47′,东经73°19′~104°47′之间。
>
> 青藏高原东西长约2800千米,南北宽300~1500千米,总面积约250万平方千米,地形上可分为羌塘高原、藏南谷地、柴达木盆地、祁连山地、青海高原和川藏高山峡谷区等6个部分,包括中国西藏全部和青海、新疆、甘肃、四川、云南的部分及不丹、尼泊尔、印度、巴基斯坦、阿富汗、塔吉克斯坦、吉尔吉斯斯坦的部分或全部。

1.2 地球有颗"火热的心"

火山爆发、强烈的地震等自然现象,让我们知道地球内部蕴含着巨大的能量。这些能量来自哪里?

人们在孩提时代可能有过这样的幻想:能否往地下钻一个很深很深的洞,然后到洞里看看地球里面是什么样子。甚至想象着如果能把地球钻穿不就可以从地球的这面直接穿到地球的另一面了吗?如果真能实现那才好呢,中国人去美国就不用坐飞机绕一大圈了!实际上,"上天容易,入地难",在地球上钻洞探测地球内部结构可不是那么容易的事。1970年,苏联钻的科拉超深СГ-3井垂直深度为12262米,这是人类至今通过钻探手段所钻最深纪录,但是相对于地球6300余千米的半径,人类所钻地球的深度,就像我们用针在苹果皮上扎了个浅浅的针眼。再往下是什么?地球内部乃至中心究竟为何物?这是千百年来人们一直努力探索的一个谜。

我们大致知道，地球从地表向下内部可以分地壳、地幔和地核三层。这有点像煮熟的鸡蛋，只不过地球这个"大鸡蛋"煮得还不太熟，"蛋黄"还呈液体状态（图1.2）。而石油、天然气、煤，以及金属矿产等矿产资源都赋存在地壳中。

19世纪中期到20世纪初期，对地震波的研究，为人们探索地球内部的奥秘提供了一个好方法。第一个利用地震仪探索地球内部奥秘的是南斯拉夫的地震学家莫霍洛维奇。1909年10月8日，南斯拉夫的萨格勒发生了一次强烈地震，莫霍洛维奇在研究这次地震的各项数据时，发现地震波传播的速度在地表以下33千米处不连续，存在跳跃现象，根据地震波性质说明在这一深度上下物质密度相差很大。后来，科学家确认这个不连续的球形界面是地壳和地幔的分界面，并以莫霍洛维奇的名字命名为"莫霍洛维奇面"，简称"莫霍面"。

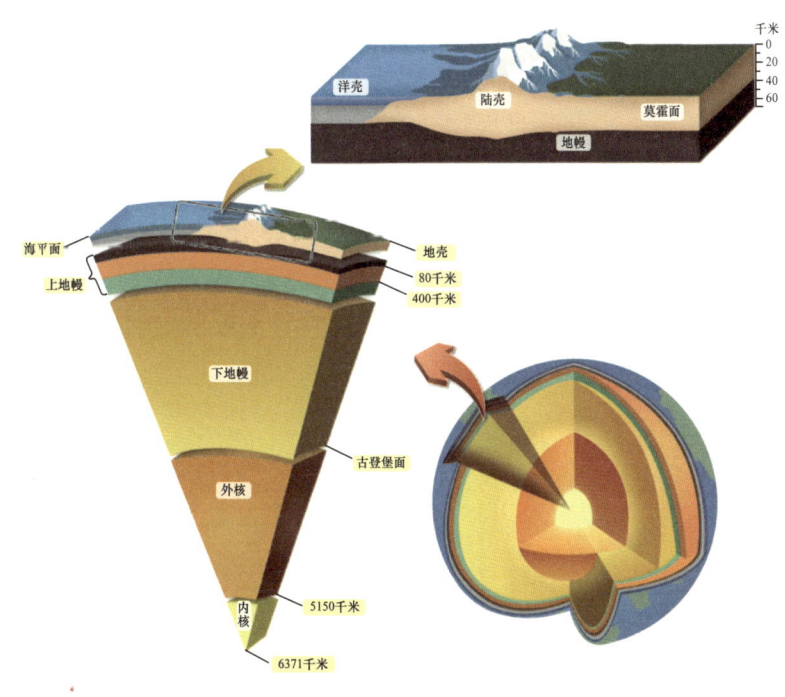

图1.2　地球内部的圈层结构

> **小贴士**
>
> 地震波（Seismic Wave）是由地震震源向四处传播的振动，指从震源产生向四周辐射的弹性波。按传播方式可分为纵波（P波）、横波（S波）（纵波和横波均属于体波）和面波（L波）三种类型。地震发生时，震源区的介质发生急速的破裂和运动，这种扰动构成一个波源。由于地球介质的连续性，这种波动就向地球内部及表层各处传播开去，形成了连续介质中的弹性波。

1914年，德国学者古登堡（Gutenberg）发现地下2900千米处存在地震波速的间断面，这是地幔与地核的分界面，即"古登堡面"，从古登堡面到地球中心，称之为地核。地核的质量占整个地球质量的31.5%，体积占整个地球体积的16.2%。根据地震波的变化情况，发现地核还分为外核和内核，其分界面大约在5150千米处。科学家推测地球外核是由铁、镍、硅等物质构成的熔融态或近于液态。液态外核会缓慢流动，有人推测地球磁场的形成可能与其有关。由于地震波纵波可以到达内核，所以内核可能是固态的。关于地球内核的物质构成，科学界存在不少争议，许多人认为主要是由铁和镍组成。但究竟是何物，这一切都还有待于进一步探索、证明。此外，有的学者认为，内外核也不是截然分开的，在内外核之间还存在一个不大不小的"过渡层"，深度在地下4980～5120千米之间。地核的密度很大，温度可达4000～6000℃。科学家根据温度随深度增加的关系来计算，地心的温度竟达10000℃左右。在这样高的温度下，任何物质都会立即变为气体。也有人认为，地核物质不是气体而是呈黄油一般柔软且易流动的状态。

地球的地核内部到底是什么样子？人类无法在实验室进行模拟。但有一点科学家是深信不疑的：地球的地核内部是一个极不平静的世界，各种物质始终处于不停息的运动之中。有的科学家认为，地核内部各层次的物质不仅有水平方向的局部流动，而且还有上下之间的对流运动，只不过这种对流的速度很小，每年仅移动1厘米左右。有的科学家还推测，地核内部的物质可能受到太阳和月亮的引力而发生有节奏的振动。

也有科学家持不同的观点,认为地核可能在45亿年前,在地球尚未充分形成时就已诞生了,后来在一系列巨型流星的撞击下,使褴褛中的地球温度增高,大部分铁质融化而渗入地心,形成液化的金属海洋,冷却后即成为固态铁质的地核。近年来还有人提出地球"黄金核"的说法,他们认为,以铁、镍为主要成分的地核(其半径3473千米)中,黄金的平均含量是地壳中平均含量的600多倍,地核中的黄金总量竟多达500亿千克。

关于地核内部的物质组成及状态,还有人提出了"金属氢地核说""金属氢化合物地核说""铁硫地核说""铁硅地核说""铁氧地核说""放射性铀矿地核说"等。所有这些学说,都是人类对地球内部间接"窥视"与想象的产物,当前人们还无法用直接证据去证实这些学说。地球中心为何物仍是一个谜,但可以肯定的是,地心内部的能量是非常巨大的,我们现在所能观测到的地震、火山等地球能量的释放,都源自地球那颗"火热的心"(图1.3)。

图1.3 地球有颗"火热的心"

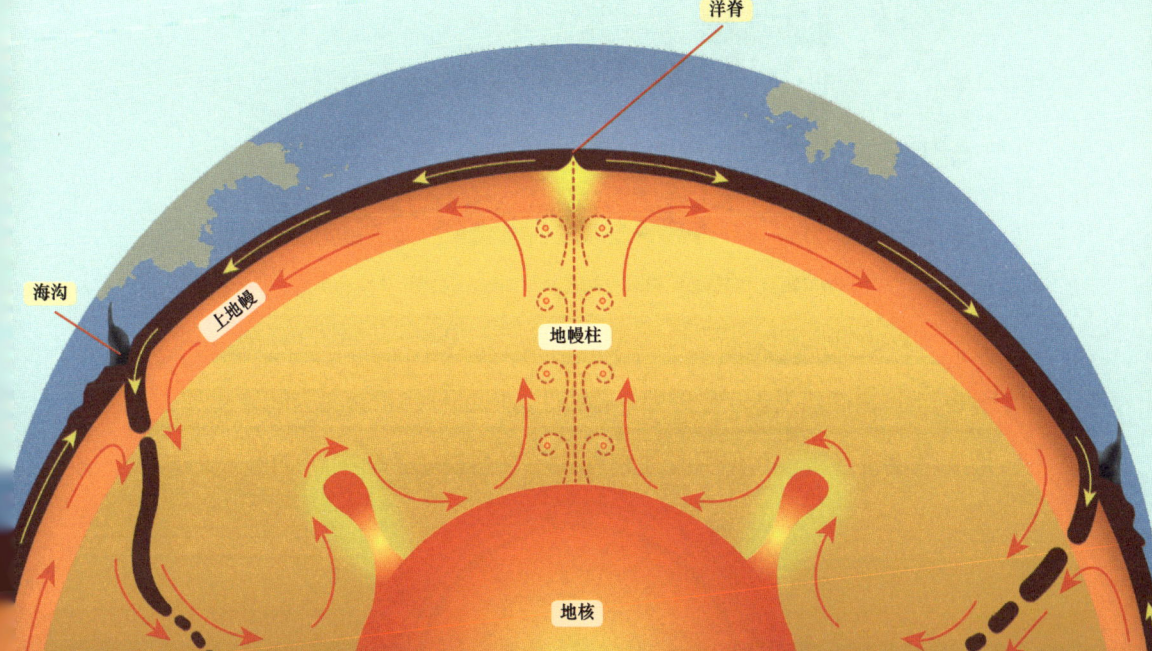

1.3 漂移着的大陆

早在大约 2000 多年前,古希腊哲学家泰勒斯(Thales)曾经设想大地是一个浮在水上的圆桶或圆盘,但那只是略带诗意的想象,没有提供科学依据。

1910 年,年轻的德国气象学家阿尔弗雷德·魏格纳(Alfred Lothar Wegener)因身体欠佳躺在病榻上,看着挂在墙上的世界地图(图 1.4),大西洋两岸的轮廓极其相对应的现象引起了他的好奇心。巴西东端的直角突出部分,与非洲西岸呈直角凹进的几内亚湾非常吻合;自此以南,巴西东海岸每一个突出部分,都恰好和非洲西岸同样形状的海湾相对应;巴西海岸有一个海湾,非洲方面就有相应的突出部分(图 1.5)。这难道是偶然的巧合?

图 1.4 病床上的魏格纳构思"大陆漂移"学说(绘图:郑清心)

从此,魏格纳大量查阅古生物化石资料、考查不同大陆上的岩石层、冰川的分布,于 1912 年发表了他的第一篇关于大陆漂移的论文《大陆的生成》。

地质学家曾经观察到但又无法解释的一系列现象:西伯利亚北部奥陶系

石灰岩中有珊瑚化石；新地岛泥盆系石灰岩中含有珊瑚化石等，这些目前处在北极圈内的地区，在珊瑚生活的当时可能位于热带气候环境中！如果抱定大陆位置固定不变的观点，这些现象是无法想象和解释的，但用大陆漂移学说来看，许多现象就易于理解了。魏格纳于35岁时发表了著名的、曾一度风靡全球的代表作《海陆的起源》，这标志着完整的大陆漂移假说已经诞生。

图1.5　高度契合的现代南美洲与非洲大陆

> **小贴士**
>
> 阿尔弗雷德·魏格纳(Alfred Lothar Wegener)，1880年11月1日生于柏林，德国气象学家、地球物理学家，1930年11月在格陵兰考察冰原时遇难，被称为"大陆漂移学说之父"。魏格纳起初研究天文学及气象学，他留意到非洲大陆西岸和南美洲东岸的海岸线很相似，因此推测大陆原本是相连的，1915年出版《海陆的起源》一书。魏格纳曾三次前往格陵兰进行极地上层大气及冰河学的研究及探险活动，并曾在北纬77°的冰上连续渡过两个冬天。1930年11月，在一次前往格陵兰的探险中死亡，享年50岁。后人为纪念他，月球及火星上有以他命名的陨石坑，小行星29227号也是以他的名字命名的。

"大陆漂移说"诞生以后历经各种非议、怀疑、反对。痛斥它的大有人在，直到20世纪60年代情况才有了根本的改变。由于海底地质和地球物理方面的种种发现，相继出现了海底扩张和板块构造说。新学说的出现大大推动了地球科学的发展。在短短几年内，大陆漂移的概念，已经从"荒诞的邪说"变成了可信的事实。漂移学说蒙冤40年之久，终于得以昭雪。尤其是大规模的世界各大洋的深海钻探工程（Deep Sea Drilling Project，简称

DSDP），揭开了大洋底的秘密，引发了一场地球科学界的革命，人们开始重新认识地球家园的海陆历史变迁，并可以大胆而科学地推测未来。

按照大陆漂移说，大约在2亿年前，地球上的大陆彼此相连，构成一个统一的超级大陆（图1.6）。当时大西洋尚未出现，北美东岸的纽约、华盛顿这些地方就紧挨在非洲撒哈拉大沙漠的西缘，至于我国西藏的南缘，却是一片汪洋大海；印度次大陆远在相距万里的大洋彼岸，与南极洲紧紧相连。

图1.6　2亿年前"拼合"的大陆块

后来，在目前还不清楚的动力作用下，这块超级大陆四分五裂了。美洲相对于欧洲、非洲越漂越远，其间新生的大西洋随之慢慢张开。印度次大陆从南极洲动身北上，它历经万里航程，在大洋上漂移了亿万年，"冒冒失失"地拦腰撞到正在东漂的欧亚大陆身上，在短短的时间里就形成了巍峨的喜马拉雅山，挡住了潮热的印度洋季风，使得青藏高原变得干燥、寒冷，甚至改变了亚洲大陆的气候状态。北上的印度次大陆收不住脚，到今天仍然向北推进，这使得喜马拉雅山还在以每年几厘米的速度长高着。

澳大利亚原来也在南极洲边上，它启程北上的时间晚于印度次大陆，到现在还在北漂途中。

美洲至今仍在向西漂移，大西洋的面积不断增大，美洲西岸与亚洲东岸的距离相应地逐渐缩短，太平洋处于收缩的过程中。

一 人类家园的秘密

我们并不能察觉到大陆在漂移，但是我们却可以通过古地磁恢复、古生物化石的分布和不同大陆间岩石层的对比、大洋底的钻探资料、大陆架附近的岛弧研究等证据证明大陆在漂移。

虽然人们目前还无法确认大陆漂移的动力是从何而来（这也是"大陆漂移学说"最难解答的问题），但威力无比的板块活动，移动着大陆，撕开或关闭了大洋，升起了山脉，扩展着陆地……板块活动可以造洋、造山、造陆；而海陆变迁和山系的改变、形成又会促使生物和生物环境发生变化。板块活动实际上控制了全球地质、地貌、气候和生物环境的变化，从而最终确定了当今世界的自然地理格局与面貌。

正是这种大陆的漂移，对不同地域的石油和天然气的形成和油气田的分布产生了不可估量的作用。

1.4 沧海变桑田

大自然中的一切都在变化着：生物的诞生和死亡，黄土高原的风雨剥蚀，南极、北极冰块的崩落……但最大的变化莫过于"沧海桑田"了。

我国的华北平原在 4 亿多年前曾是一片汪洋大海，随后整体隆起了近 2 亿年，没有保存下任何当时的沉积物（岩石）。以后，海水时有光顾，形成了大片的沼泽，发育了极为繁茂的森林，在随后的地质变迁中，又形成了多层煤炭。青藏高原在大约 6000 万年前还是一片大海，由于印度次大陆的碰撞、挤压，使得它以极快的速度"拔地而起"，成为高耸入云的"世界屋脊"。

在一些高山上，可以见到成层的蚌、螺壳，那是以前古河道甚至古湖泊的遗迹。在干旱的黄土高原、戈壁滩下面，也许就是以前的古湖泊，由于地壳的抬升，气候变暖，古湖泊退化、缩小、干枯了（图 1.7）。但以前湖泊中丰富的动、植物和微生物却可以形成煤炭、石油、天然气等矿产资源。

(a) 新疆戈壁的泥盆纪贝类生物化石，那里当时是浅海区

(b) 云南西南部盆地的志留纪石燕化石，这是一种海洋底栖生物

(c) 丹霞山，形成于白垩纪的古湖泊（摄影：陈志芳）

图 1.7 沧海桑田的证据

地质作用是指形成和改变地球物质组成、外部形态特征与内部构造的各种自然作用，依据主要驱动力可分为内力地质作用和外力地质作用。

内力地质作用是由地球通过各种方式释放内部的能量所引起的并主要发生在地球内部的作用，如重力能或放射性元素蜕变产生的热能等，包括岩浆作用、火山作用、地壳运动、变质作用、成矿作用和地震作用等。由地球外部的驱动力引起的则为外力地质作用，主要以太阳能及日月引力能为能源并通过大气、水等多种因素引起，包括风化作用、剥蚀作用、搬运作用、沉积作用、成岩作用等。

一些地质过程及其造成的地质现象十分复杂。从性质上看，有物理的、化学的、生物的；从规模上看，大到全球的宏观现象，小到原子和离子的微观过程。地质作用发生和延续的时间一般都很长，例如海底扩张、海陆变迁、山脉隆起、湖泊沉积、风蚀地貌等过程，多以百万年为单位。喜马拉雅山从海底隆起至今已经历约 2.5 亿年，大西洋的形成至今已 2 亿年。但有些地质作用则是突发性的，并往往造成地质灾害，如火山喷发、地震、海啸、山崩、雪崩、山洪和泥石流等（图 1.8）。

图 1.8 泥石流（上）、地震（下）对地表的破坏与改造

外力地质作用对地质地貌的改造通常非常缓慢，但日积月累、年复一年，其结果是十分显著的，总趋势是"削高填平"，把高山峻岭破坏掉，把它们的碎片搬到低洼的地方，使得地表变平坦。我国东部的松辽平原和华北平原就是经剥蚀—搬运—沉积作用而形成的。

内力作用与外力作用是一对矛盾体，一方面在破坏旧的，另一方面在建设新的，而新、旧两者又是互为依存、彼此转化的。

自然地质作用"修蚀"地球的结果就形成了今日世界的名山大川（高山峡谷）和数不尽的自然景观，如中国的泰山、华山、黄山、长江三峡、九寨沟、桂林七星岩溶洞和云南石林等。但是大量"突然"发生的地质作用有着不可抗拒的破坏作用，如地震、火山喷发、山体滑坡、泥石流等都危及人类的生存。

人类地质作用也不能小瞧，其涉及面之广，发展速度之快，改造程度之大都已说明其强度和规模虽然不能和自然地质作用相提并论，但其影响也不可低估。它最突出的特点首先是新，就发生在距今大约100万年。其次是人类改造世界的速率极快，不用多长时间，一座座山坡布满梯田，或者被削平；一条条大河被改道，平地出高山，高峡出平湖；当然，绿洲也会变成沙漠……

人类地质活动包括开掘矿山，开采油、气、煤炭和地下水，还有开山劈岭的农业活动、地上地下的城市建设、建水库、修电站、架桥梁、挖隧道等各种改造山河为民造福的人类活动（图1.9）。这些活动不仅建设了一个

图1.9　长江三峡水利枢纽工程

新世界，同时也改造了地球面貌。如采煤矿井深度超过 1400 米，有些采金矿井深度达 4000 米（南非），石油钻井深度达 9000 米以上等。在采矿的同时，所产生的废弃物质数量极大，在地表堆积如山。

今日人类已认识到了保护我们生存的地球是多么重要，开始保护自然、保护野生动物，进行生态建设，打造绿水青山的美好家园。

1.5　石头的来历与种类

在大自然的怀抱里，文学家对美丽的景致如醉如痴，地质学家却另有一番情趣，他们悉心探索山水的形成，研究它的来龙去脉，形形色色的石头就是他们主要的研究对象。

早在 700 多年前，近代地质学尚未萌发，我国南宋学者沈括就写道："尝见高山有螺蚌壳，生石中。此石即旧日之土，螺蚌即水中之物，下者却变而为高，柔者却变而为刚"。他认为岩石"初间极软，后一方凝得硬"，化石是由生物遗骸变来的，坚硬的岩石则由旧日的泥土转变而成，地球的水陆分布发生过强烈的变化。

石头的学术名称是"岩石"，它是自然形成的产物，是由一种或几种矿物组成的固态集合体。岩石看上去比较坚硬，好像差别不大，其实不然，它们的成因非常复杂，每种岩石的成分和结构等也都各不相同。

岩石都是有一定形态的，有的成层状、片状，有的成块状、球状、柱状，形状各异，而且各种岩石都有各自的物质组成和结构。那些没有固结的松散沉积物，如沙漠、戈壁、山前冲积扇、河道泥沙、湖沼淤泥、土壤黏土、火山灰、海底沉积物等碎屑，都不算在岩石之列。还有，石油也不能称为岩石。虽然岩石的面貌是千变万化的，但是从它们形成的环境，也就是从成因上来划分，岩石可分为三大类：沉积岩、岩浆岩和变质岩（图 1.10、图 1.11）。

沉积岩是在地表或近地表不太深的地方形成的一种岩石类型。不论哪种风化作用形成的碎屑物质都要经历搬运过程，然后在合适的环境中沉积下来，经过漫长的压实作用，石化成坚硬的岩石，这就是沉积岩。石灰岩、砂岩和页岩等都是典型的沉积岩。岩浆岩也叫火成岩，是地壳深处的岩浆侵入到地壳上部，或者喷出到地表冷却固结，再经过结晶作用而形成的岩石。常见的花岗岩、玄武岩等都是岩浆岩。在地壳形成和发展过程中，早先形成的岩石，包括沉积岩、岩浆

图1.10　沉积岩——红色砂岩形成的丹霞地貌（摄影：谢锦树）

图1.11　岩浆岩——岩浆形成的玄武岩柱状节理（摄影：吕洪波）

岩，由于后来地质环境和物理化学条件的变化，在固态情况下发生了矿物组成调整、结构构造改变甚至化学成分的变化，而形成一种新的岩石，这种岩石就被称为变质岩。例如，石灰岩经过变质作用转变成大理岩，花岗岩转变为片麻岩等。由于经历过变质作用，这种岩石的结构和构造与沉积岩和岩浆岩完全不同（图1.12）。

> **小贴士**
> 岩石结构指组成岩石的矿物的结晶程度、矿物颗粒的大小、矿物的形状及它们之间的相互关系。岩石构造是指组成岩石的矿物之间在排列方式、配置与充填方式上所表现出来的特征。

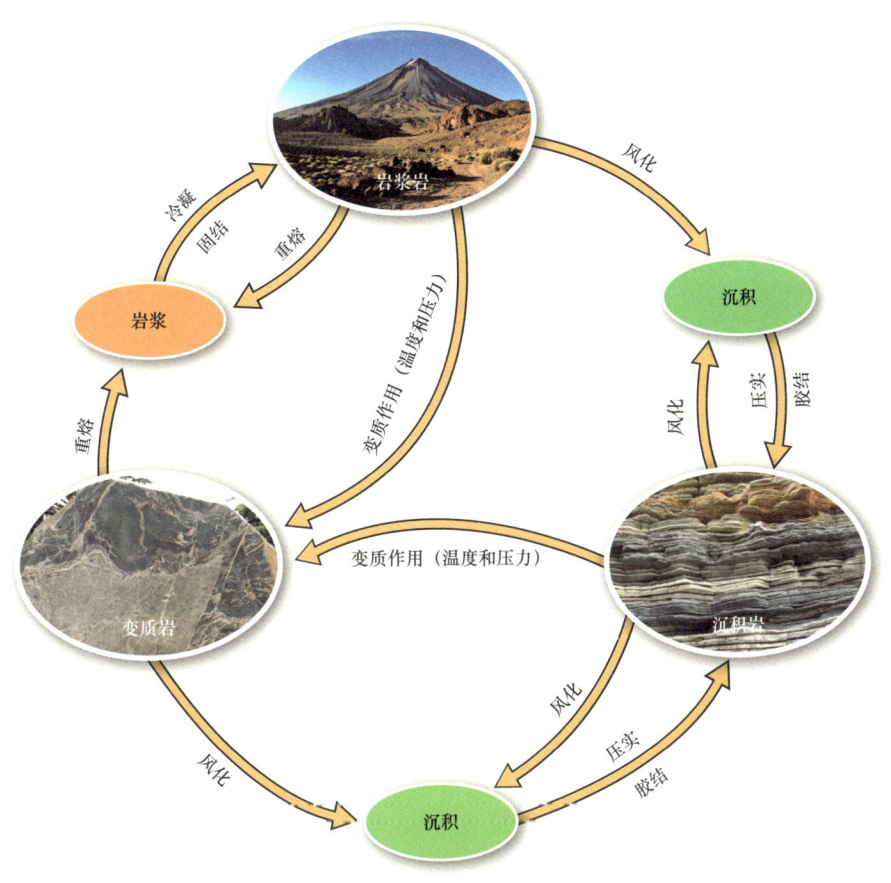

图 1.12　三大岩石的转化关系

岩石是自然产出的，但却不是永远一成不变的。每一种岩石都有自己的发生、发展和破坏的历史。所有的岩石都会经历机械作用、物理化学作用和生物作用等综合地质作用的影响。

沉积岩、岩浆岩和变质岩都可以形成高大雄伟的山峰，比如喜马拉雅山就是由 4 亿多年前在海洋里形成的沉积岩构成的，我国的西岳华山则是由火成岩、变质岩构成的。

1.6 有机矿产的聚集地——沉积岩

沉积岩是地球上江河湖海中的碎屑物沉积后经过一系列复杂的作用而变成的,分布十分广泛。与石油和天然气、煤等有机矿产的形成和储存有关的沉积岩主要是碎屑岩、碳酸盐岩和页岩等。

图 1.13 典型的碎屑岩沉积层

碎屑岩的形成经历了源岩的风化剥蚀、搬运、沉积、深埋、压实硬化,今天我们在地质露头或钻井取心中得到砂岩、泥岩、油页岩等,它们都是碎屑岩(图 1.13)。

地表先前形成的岩石是碎屑岩形成的原始物质来源,称为碎屑岩的源岩,它们可以是先前形成的沉积岩、火山岩和变质岩,甚至砂、泥等。源岩长期被暴露在地表,它在温度变化、大气(风)、流水、生物等因素作用下,发生机械破碎、化学分解。由此产生的大小不一的碎屑物质,除少部分残留在原地外,大部分都被搬运到江河湖海中沉积下来。搬运碎屑物质主要由水流、大气、冰川和生物来完成,其中最主要的是水流的搬运。最常见的搬运碎屑物质的水流是河流,碎屑物质在河流中以各种方式向低地前进:大的碎屑物靠滑动或滚动前移,中等的碎屑跳跃着前行,小的碎屑悬浮着向前移动。有些碎屑经过长途跋涉,有的经历短暂的旅行,到达最终的沉积场所堆积下来。沉积场所包括河流、平原、湖泊、海洋等。堆积的碎屑物质被上覆堆积的碎屑物质埋藏后,开始进入成岩阶段。这时,碎屑物质经受机械压实,使颗粒之间发生胶结、交代、矿物质生长变大等变化,最终成为坚硬的碎屑沉积岩。

图 1.14 云南石林——典型的碳酸盐岩形成的喀斯特地貌

碳酸盐岩主要形成于海洋沉积环境中，特殊的咸水湖泊环境也可以形成碳酸盐岩。碳酸盐岩可在咸水中直接化学沉淀而形成，如常见的石灰岩；还有的是由生物作用形成的，如各种生物礁（图1.14）。

绝大多数石油、天然气和煤炭等有机矿产资源都形成聚集于沉积岩中（图1.15），石油和天然气可在沉积岩中进行数十米到数十千米的运移，这种运移必定会在沉积岩中留下各种蛛丝马迹，人们正是根据这些痕迹认识、了解石油的生成、运移、聚集、成藏的规律性并寻找和开采石油与天然气。

图 1.15 华北北部富含有机质的沉积岩

1.7 岩石的年龄是怎么测定的？

人们已经为地球的历史编出了详细的地质年代表。比如恐龙最繁盛的时代为距今约 2.25 亿年前的侏罗纪，绝灭于约 0.65 亿年前的白垩纪末期。三叶虫的繁盛时期为距今约 5.3 亿年前的寒武纪等。这些动物生存的时代是怎么定出来的呢？地球的 46 亿年历史是怎么定出来的呢？

地质学家和地球化学家发现，当岩石或矿物在一次地质事件中形成时，放射性同位素以一定的形式进入岩石、矿物，之后便不断地衰减，随之蜕变成的子体逐渐增加。所以，通过准确地测定岩石、矿物中母体和子体的含量，就可以根据放射性衰变规律计算出该岩石、矿物的地质年龄。这种年龄测定称作同位素计时或放射性计时。计时的基本原理就是天然放射性同位素的衰变规律。测定的地质事件或宇宙事件的年龄，就是"同位素地质年龄"。

图 1.16 适用于碳 -14 法测年的动物牙齿

在地学界，目前应用的同位素测年方法比较多，不同的方法有不同的应用范围。比如由于碳同位素的半衰期相对较短，碳 -14 法可测的年龄一般不超过 5 万年，最大限度是 7 万年（图 1.16）。因此凡是几万年以来曾经在地球生物圈、大气圈和水圈中生存过的含碳生物均可作为样品进行测定。包括动植物的残骸（如木头、木炭、果实、种子、兽皮、象牙等）、含同生有机质的沉积物（泥炭、淤泥等）和土壤、生物碳酸盐（贝壳、珊瑚等）和原生无机碳酸盐（石灰华、苏打、天然碱等）、含碳的古代文化遗物（纸、织物、陶瓷、铁器）等。碳 -14 法主要适用于考古学研究。

进行"同位素地质年龄"测定的岩石必须尽可能地新鲜、无污染，在有蚀变的岩石内，氩易丢失，所以测出的年代不准确，钾—氩法的最佳测定范围在 10 万年至 10 亿年，铷—锶法的最佳范围为千万年至亿年，所以这两种方法适应于中生代—新生代地层时代的测定。铀—铅法的适应范围在千万年至 10 亿年（图 1.17），铀—钕法也在 2 亿年以上，所以这两种方法较适用于非常古老地层的研究。

图 1.17　适用于铀—铅法测年的锆石矿物晶体

有了精确的同位素地质年龄，地质学家就可以编制用来进行地层划分与对比的"地质年代表"了。

早在 1911 年，年仅 21 岁的英国地质学家霍尔梅斯就提出了用矿物中铀—铅同位素的比值来测定地层年龄的设想。1937 年，经过 20 多年的努力，他发表了世界上第一份具有数字年龄的地质年表。

第二次世界大战结束后，欧美各国及苏联的地质学者加强了同位素地质年龄的研究力度。进入 20 世纪 80 年代以后，地质年代表发展得很快，目前在国际地学界有影响的地质年代表主要有：

PTS 年表：这是一份"显生宙地质年表"，由英国伦敦地质学会于 1964 年提出，曾对国际地学界产生过相当大的影响。1976 年在悉尼召开的第 25

届国际地质大会上，对此年代表进行了修改、补充和复算。

GTS 年表：这是在 PTS 年表的基础上编制的，其中几位重要的研究人员在著名的石油公司任职，所以该年表对石油、煤炭及天然气工业界有较大的影响。GTS 年表最重要的特点在于它有时间年标和地层年标双重意义。前者以标准的天文时间"年"计时，后者以传统的地层时代单位代、纪、世等计时。二者构成了既有数字年龄，又能反映生物演化阶段，具有地质事件特征的统一地质年表。著名科学家 W. B. 哈兰德是编制者之一。

NDS 年表：该表诞生于 20 世纪 80 年代初，它强调了放射性同位素年龄、全球化石对比和地磁极性年表的结合，国际适用性更强。该表是在全球 251 个测量点、显生宙的 71 条界线实测年龄的基础上编制而成的。所以，NDS 年表已成为现代地层研究人员必须了解的内容之一。

COSUNA 年表：美国石油地质家协会（AAPG）在 1976 年第 25 届国际地质大会开过之后，积极开展了一项建立北美地层对比（COSUNA）计划。在这项工作中，尽量做到以海相标准化石为基础划分与对比地层，并配合同位素年龄数据，我国地质学家采用该表中前寒武纪地层界线。

> **小贴士**
>
> 元素的原子由原子核和电子构成，而原子核又由质子和中子组成。同种元素具有相同的质子数，但可以有不同的中子数，这种具有相同的质子数而具有不同的中子数的元素叫同位素。其中有一些同位素的原子核能自发地发射出粒子或射线，释放出一定的能量，同时质子数或中子数发生变化，从而转变成另一种元素的原子核。元素的这种特性叫放射性，这样的过程叫放射性衰变，这些元素叫放射性元素。具有放射性的同位素叫放射性同位素。

1.8 鸿篇巨制的地球编年史

地球诞生已有大约 46 亿年。数十亿年间地球上到底发生过多少翻天覆地的变化是一个千古之谜，现在还没有人能够给出确切的答案。但科学家正在逐渐揭开地球年代之谜，隐藏在远古大洋中的各种沉积纪录就是最为关键的证据。伴随着海陆变迁、生物演替及沉积地层的叠覆，留下了大量反映地球演化和生物发展、演化轨迹的地质历史记录。

早在18世纪中叶，法国科学家在调查巴黎盆地时，以特殊的沉积岩和生物化石对巴黎盆地地层逐层作了深入研究。后来，又有学者系统研究了维拉雷山脉的地层和化石，提出存在着由老到新的五套地层。生物进化史从低级到高级的发展，进化具有不可逆特征（如鱼类可以进化为两栖动物、爬行动物，而哺乳动物却不可能退化为爬行动物），而且，这些特征可以保存在岩石层中。这样，就逐渐形成了用化石特征和沉积物的性质恢复过去地质历史环境的基本方法，并建立了"历史地质学"这门重要学科。

英国地质学家史密斯在18世纪末首先突破了地层划分和对比这一难关。19世纪初，他调查研究了威尔士到泰晤士河广大地区的地层和化石，出版了专著《用生物化石鉴定地层》，奠定了地层学、地史学的基础。在史密斯之后，地质学家尝试以化石为基本依据，用"纪"来确定地质历史时期大的时间单位，同一时期形成的地层，用"系"来表示。在"纪"的基础上，科学家发现还能区分出更大一些的时间单位和地层单位。英国地质学家菲力普斯归纳了前人的工作，将寒武纪、奥陶纪、志留纪、泥盆纪、石炭纪、二叠纪合起来称为古生代；将三叠纪、侏罗纪、白垩纪三个合起来称为中生代；将古近纪、新近纪与第四纪合起来称为新生代，从而产生了认识地史的地质年代顺序。

以生物演化为依据，人们建立了能反映地球相对年龄的地质年代表。在这个表上，最大的时间概念是宙，其次是代、纪、世、期。如古生代包括寒武纪等六个纪，其中，寒武纪又可进一步分为早寒武世、中寒武世和晚寒武世三个世，每个世还可以分成若干个期。与地质时代相对应，代表每一地质时期的地层也建立起地层单位。最大的地层单位是宇，其次是界、系、统、阶，如代表古生代的地层，我们就称作古生界，其中，寒武纪时形成的地层就被称为寒武系，奥陶纪期间形成的地层则被称为奥陶系，以此类推（图1.18）。

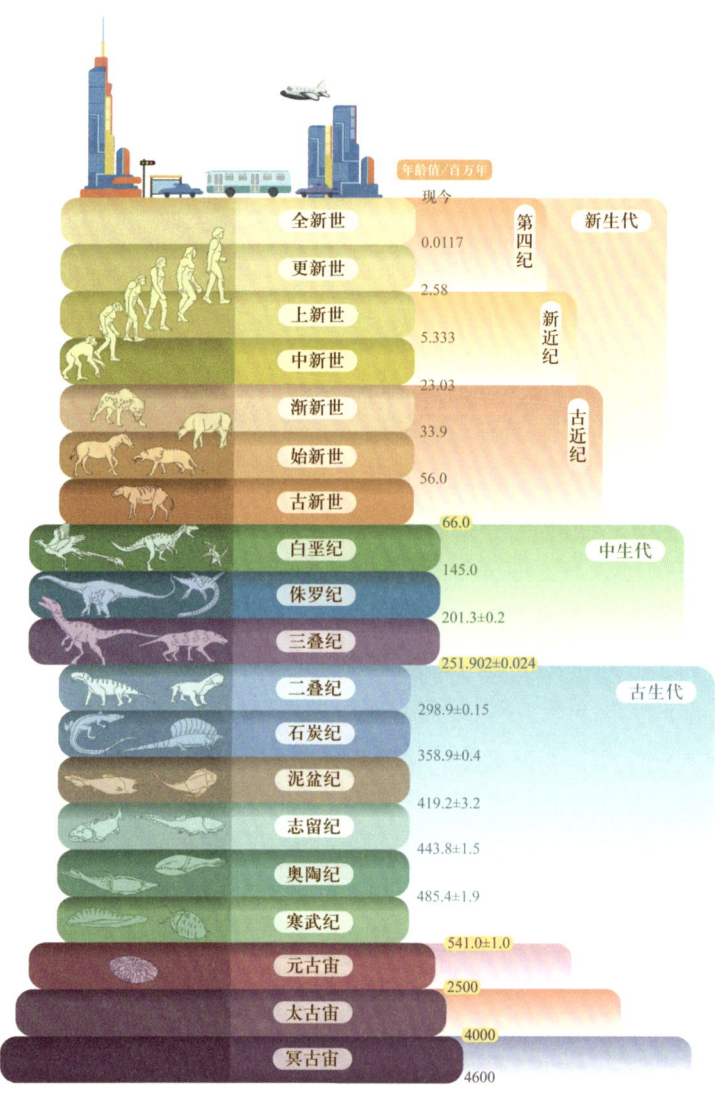

图 1.18 地球地质年代表

由史密斯倡导的生物地层学方法一直沿用至现在。这种方法的理论根据是：在地球历史的发展过程中，生物总是由低级到高级、由简单到复杂不断地变化着，由无脊椎动物发展到低等脊椎动物，进而演化到爬行动物和哺乳动物，以至出现人类。这种演化过程绝不会逆向发展。

世界上不同地区的各种岩石层,都可以用古生物或其他方法定出它属于哪一个地质时代。这是世界上时间跨度最大的年代表,堪称伟大的编年史。

地层大多是根据最初研究地点(也是发育最好,地层出露较为完整)而命名的。比如著名的中生代延续时间最长的"白垩纪"就是1822年由比利时地质学家第哈罗伊研究巴黎盆地时所提出。其名称在拉丁文意为"黏土",意指白垩系上部地层里常见的白垩,由海生非脊椎动物身上甲壳的碳酸钙沉积而成,尤其是球石粒。

这种地层的定年和命名法则,以及所形成的"编年史"方式,受到国际地学界的公认。我国石油人熟悉的"沙河街组"的时代属于古近纪始新世,命名地点位于山东商河县沙河街镇,由一套灰色、深灰色泥岩为主的暗色砂泥岩组成,厚度大于2000米,是主要生油岩系。

我国现在的华北平原大部分区域,距今25亿—18亿年间,是一块较为稳定的大陆,地质上称为"华北原地台"或"华北克拉通"。在从距今18亿年开始到8亿年前结束的那段地质历史时期,接受了来自周围陆地数千至万米厚的沉积物,这些沉积物深埋在地下,经过压实、胶结等地质作用,变成了一层层的岩石。经过后期的地质作用改造(抬升及漫长的风化剥蚀),形成了现今的面貌,像数千米厚的巨型天书,半遮半掩散露于华北多地。最完好的出露地点位于天津蓟县(现在的蓟州区)。

> **小贴士**
>
> 克拉通盆地:1936年由德国地质学家施蒂勒提出,现指具有厚层刚性大陆地壳(或岩石圈)、长期保持相对稳定、较少遭受变形的广大区域。克拉通盆地地壳厚度稳定,结晶地壳和"花岗岩层"的厚度都相对较大。

经过我国地质学家长期、系统研究,确认这套地层沉积现象和化石纪录保存完好,成为中国乃至世界范围内十分难得的地层记录,在中国地质界通常称其为蓟县剖面。这套跨越了近10亿年形成的地层从老到新命名为长城系、蓟县系、青白口系。这个时期的生命主要是细菌和蓝藻,后期开始出现真核藻类和无脊椎动物(图1.19)。

图 1.19　我国著名的蓟县剖面

在讨论地球发展史时,往往还需要确切知道所涉及的地质时代的"绝对年龄"。科学家可以通过同位素测定法准确地得到地球上岩石形成时的"绝对年龄"。这样,人们就能够获得地球不同时期绝对年龄值和各个地质时代的准确时限,比如,寒武纪始于大约 5.4 亿年前,结束于约 5 亿年前。

有了地球的相对年龄和绝对年龄,人们对地球历史的认识就更加全面、精确。这篇鸿篇巨制的地球编年史也就更加精确、详细、系统了。

1.9　地球史书中的特殊文字——化石

如果说地球历史是一部书,地层是记录地球历史的史册,那么化石就是镶嵌在这部史册中的图片和特殊文字,它们不仅能生动地注解神秘的史前世界,而且本身也是地球历史的见证者。

化石是保存在地质历史时期的岩层或沉积物中的生物遗体和遗迹。如果能够避免搬运并降低机械性破坏带来的损伤,或者能够避免遭受风化及其他各种化学性破坏带来的影响,生物遗体经过快速掩埋后将进入长时期的埋藏阶段。这期间,随着沉积物逐渐压实、固结,最终变成坚硬的岩石,在石化作用下,那些逝去的生命遗体才能成为人们所见到的化石(图 1.20)。

图1.20　化石的形成过程

根据化石的成因，可以把它们划分成几类：

实体化石：实体化石通常保存了动物、植物遗体的全部或绝大部分（特别是坚硬的骨骼部分），如人们熟悉的北京猿人头骨、恐龙、三叶虫、大羽洋齿植物、硅化木等，甚至如在西伯利亚第四纪的冰冻土层中发现的猛犸象，不仅保存了完整的骨骼，连粗厚的皮肤、长长的体毛和周身的肉都得以保存下来。这些实体化石一般都有较高的研究价值。石油地质研究中常见的孢子花粉、介形虫、轮藻类、双壳类、腕足类等化石也大多属于实体化石（图1.21）。

图1.21　实体化石

铸模化石：动植物遗体在保存为化石的过程中，通过挤压作用在地层的岩石表面留下的印模、铸模等称作铸模化石，这种化石能清晰地显示生物硬体表面的精细结构，可以划分出若干类型，其中印痕化石最常见（图1.22）。

图1.22　三叶虫的铸模化石（右侧为铸模）

遗迹化石：遗迹化石主要是动物在生命活动中遗留下来的痕迹或遗物，前者如动物的爬迹和足迹等，后者如粪便、蛋等。恐龙足迹和恐龙蛋就是经过漫长的地质作用形成的著名遗迹化石。遗迹化石同样是研究动物生活习性及生命活动的重要证据（图1.23）。

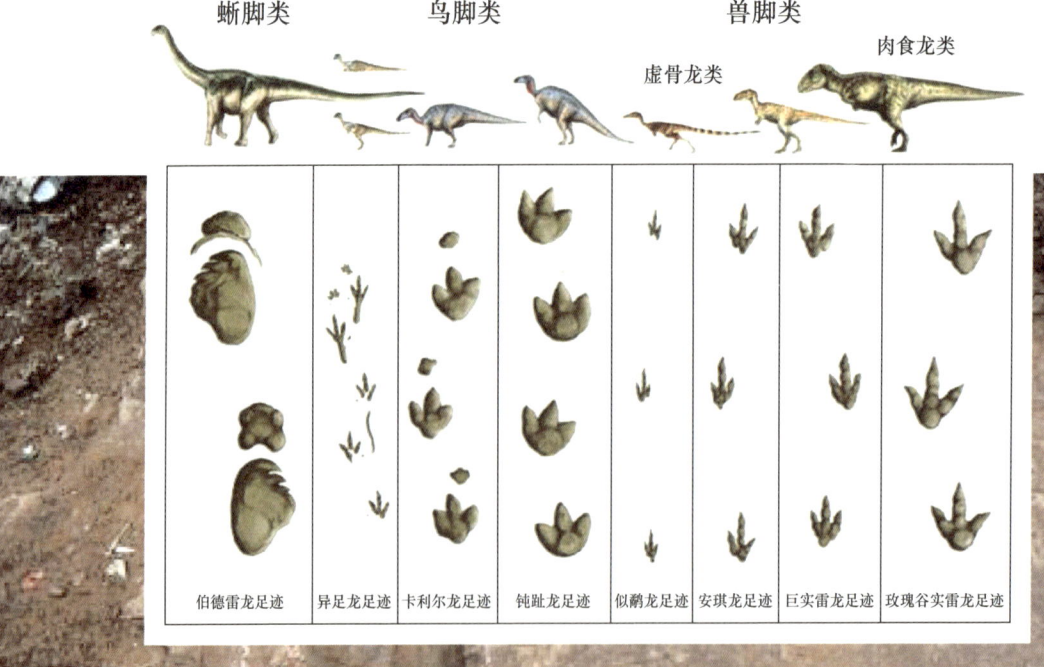

图1.23　遗迹化石（恐龙的足迹化石）

那么，化石能有什么用呢？

许多无脊椎动物化石由于在短时间范围内演化迅速，特征变化明显，易于辨别，因此可以有效地用于划分和对比地层。我国在油气田勘探中，曾在井下上千米的地方用牙形石和介形虫等曾经生活在海洋里和湖泊中的微体化石建立起若干化石带，依据这些化石带，实现精确的地层划分和对比，进而找到含油气有利层位。

化石能够客观地反映所在地层的新老顺序。在一般情况下，地层的层位越新，所含化石的种类越丰富，其面貌与现代生物越接近；反之，地层层位越古老，所含化石的结构越趋于简单，种类越单调。这样，科学家可以利用化石恢复从老到新的完整地层系统，地质年代表就是这样建立的。

在重新塑造古环境方面，化石具有不可替代的作用。根据古生物群落的分析，可以恢复环境背景及环境变迁的模式，如有孔虫、鹦鹉螺、三叶虫等为海洋生物，赋存这些化石的地方在远古时期就是海洋。钙质海绵、藻类、珊瑚化石的出现代表着海洋环境水深不足百米，曾经是温暖而又清澈的浅海。我国科学家就是根据在珠穆朗玛峰上找到的海洋生物化石——菊石等，确定它是从汪洋大海中拔地而起的。

如此看来，化石确实不同寻常，以化石为对象，研究地球历史时期的生物界及其发展的科学就是古生物学。作为地质科学的一个重要分支，古生物学已经取得了令人瞩目的发展。

生物死后变成化石的概率是非常低的（大约只有3%的可能性），一旦形成了化石，在地下水的作用和成岩作用的影响下，化石的内部甚至外部结构便会变得面目全非。当我们手捧任何一块化石标本时，如果能联想到它生前死后历尽沧桑的种种复杂变化，珍惜之情就会油然而生。

1.10 大自然的杰作——盆地

盆地，顾名思义，就像一个放在地上的平面形状不太确定的"大盆子"，有下凹和隆起的部分，是一种四周高（高原或山脉）中间低（丘陵或平原）的地形。

我国境内有很多盆地，例如新疆的塔里木盆地（图1.24）、准噶尔盆地、吐鲁番—哈密盆地，青海的柴达木盆地，四川盆地及东北的松辽盆地，陕甘宁地区的鄂尔多斯盆地等，还有数不清的小型盆地。盆地的面积占到了我国国土面积的五分之一以上。

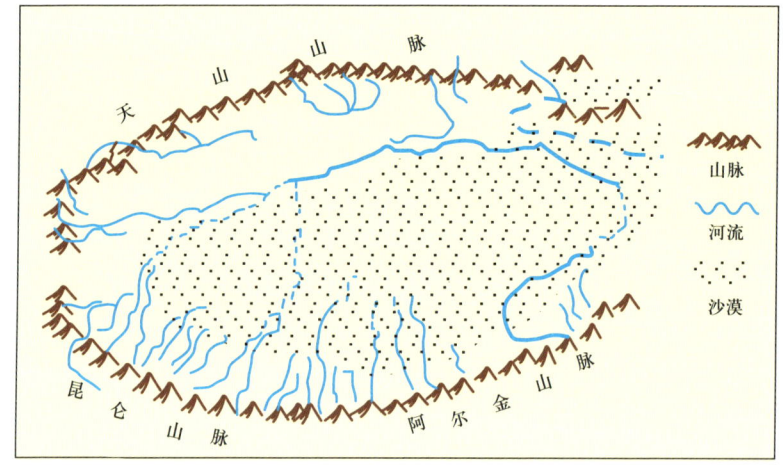

图1.24 塔里木盆地示意图

盆地主要是由于地壳运动形成的。由于地壳运动，地下的岩层受到挤压或拉伸力的作用，变得弯曲或产生了断裂，或者弯曲断裂同时产生，就会使有些部分的岩石隆起，有些部分下降，如下降的部分被隆起的部分包围，盆地的雏形就形成了。

在那些隆起的地方，有的是地壳中比较软弱的部分，或者是岩石层中比较容易被风化剥蚀的部分，受到挤压时发生剧烈的褶皱，升起成为环绕盆地的山脉；有的是地壳中比较刚硬的部分，被挤压时整块地壳抬升，形成了高原。盆地内部的地壳或者岩石层，通常是地壳或岩石层中比较坚实而稳定的部分，在发生地壳运动时，常常会大面积地缓慢上升或下降。抬升的结果，可以形成高原，而盆地产生，就是它下沉的表现。尤其是在四周或者两个方向的拉伸力量作用下，盆地会渐渐地下沉，"盆地"的外貌特征会越来越显著。

人们现在所看到的盆地面貌，就是在地壳运动形成盆地后，又经过了风、阳光、流水、生物等自然力的改造形成的产物。盆地四周突出的部分被不断地侵蚀、破坏，然后由水流携带到了盆地内部又沉积下来，使得盆地内部会慢慢地被充填，由此"盆底"也就变高了。如果盆地形成以后，而地壳运动依然十分强烈，就会导致盆地迅速填满，但这个"快速过程"也往往需要几十上百万年！

许多盆地在形成以后还曾经被海水或湖水淹没过，像四川盆地、塔里木盆地、准噶尔盆地等，都曾有过这样的经历。后来，随着地壳的不断抬升，加上泥沙的淤积，盆地内部的海、湖水慢慢地退却干涸。但是，那些海、湖、河流中，曾经生活过的大量生物死亡以后被埋入淤泥中，就会逐渐形成石油、煤炭的物质基础，这就是科学家非常关注盆地研究的重要原因。盆地中的沉积物大多相对比较完整而连续，生活在那里的动物、植物死后也比较容易保存形成化石，所以盆地也是古生物学家寻找化石的好去处（图1.25）。

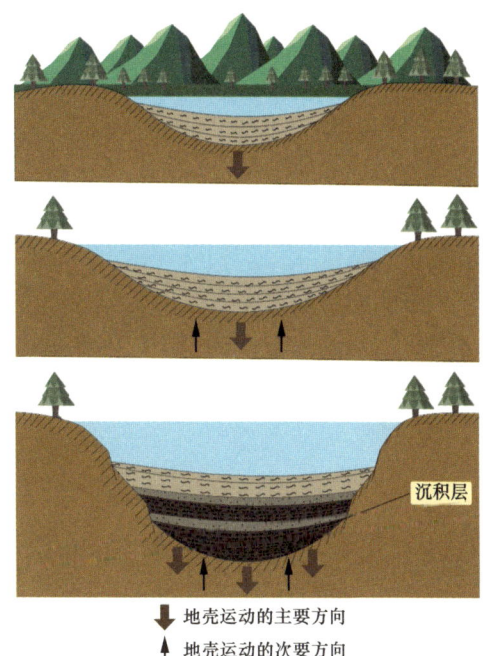

图1.25 盆地的形成原理

还有一些盆地，主要是由地表外力，比如风力侵蚀、雨水冲刷等破坏作用而形成的。河流沿着地表岩石比较软弱的地方，向下侵蚀、切割形成各种不同大小的河谷盆地。在我国西北部广大干旱地区，风力特别强，把地表的沙石吹走以后，形成了碟状的风蚀盆地。甘肃、内蒙古和新疆等地区的一些盆地就是这样形成的。

在一些地下有石灰岩发育的地区，常年流动的地下水会使那里的岩石溶解，引起地表的岩石垮塌，也会形成盆地，地质学家把这类成因的盆地称为岩溶盆地。我国西南云贵高原和广西等地就有很多这种类型的盆地。

在强烈的挤压或拉伸作用下，一些大型盆地的基底会发生断裂，形成一些"断陷盆地"，在我国华北渤海湾、西南地区的横断山等地壳活动强烈的地区，这类盆地多见。

> **小贴士**
>
> 基底：地理学名词，是指经过褶皱、变质作用的结晶变质岩，它们是经过地槽阶段硬化而形成的，凡是被沉积岩层不整合覆盖的结晶变质岩系均可称为基底。

沉积盆地在发展过程中经常受到地壳构造活动的影响，这种活动性可以被盆地不断接受的沉积物记录下来，通过对这些沉积物的地质和地球化学研究，人们能够描述、反演出这些地域中诸如气候变化、海平面变化、对气候有重大影响的温室气体与大气圈发生交换作用，以及由构造活动决定的地形变化等地球历史过程。

1.11 形形色色的含油气盆地

在地球上难以计数的盆地中，含油气盆地具有相似的地质发展史，因而有着相似的油气生成、运移和聚集等基本和必备的石油地质条件及特征，有其特定的规律性。含油气盆地是油气生成、运移和聚集的基本地质单元。盆地内生油层、储油层、盖层、圈闭发育，并具有良好的匹配关系，是油气田存在的必要条件。世界上大型油气田主要发育、分布在三大类盆地中。

前陆盆地：是指位于褶皱山系与毗邻大型克拉通盆地之间的沉积盆地（图1.26）。它包括从山前坳陷到克拉通边缘斜坡的过渡区。前陆盆地形成于挤压构造环境，经典的前陆盆地是指位于造山带前缘和相邻克拉通盆地之间的狭长沉积带。前陆盆地地层的几何形态是楔形的，厚的部分靠近造山体，薄的部分在向前陆板块上尖灭。前陆盆地的演化是一个动态过程，具有递进式的演变特征。前陆盆地的充填包括巨厚的海相至陆相沉积物，一般为陆源碎屑岩，缺乏碳酸盐岩沉积。

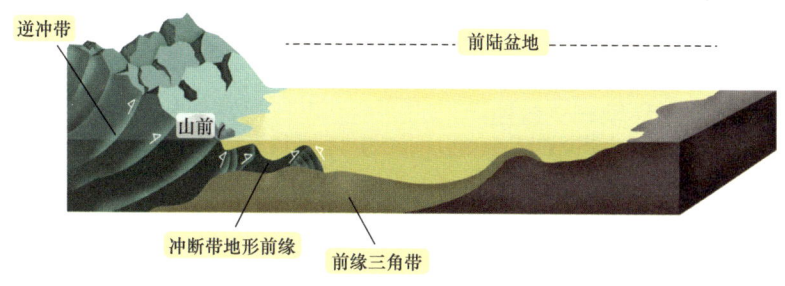

图 1.26　前陆盆地模式

全球范围内的前陆盆地主要分布在几个大的造山带：乌拉尔古生代造山带、阿巴拉契亚古生代造山带、特提斯造山带和环太平洋造山带。

我国的前陆盆地主要有新疆塔里木盆地的库车前陆盆地、塔西南前陆盆地，准噶尔盆地南缘前陆盆地、博格达山前缘前陆盆地，鄂尔多斯西缘前陆盆地，四川龙门山前陆盆地，南华北盆地南部前陆盆地，云南楚雄前陆盆地等。从时间上看，我国主要前陆盆地形成最早的是志留纪，最晚是新生代的新近纪。

前陆盆地内大多含有丰富的油气资源，由于褶皱冲断带一侧构造活动强烈，早期形成的油藏往往被破坏，并发育一系列的油气苗。这就使得在靠近

> **小贴士**
>
> 构造单元是一个区域尺度的地域，是地质构造的基本单位，其中的地壳物质组成、构造组合，以及地球物理和地球化学场，明显不同于相邻地域，表明它具有自己的地壳演化历史而有别于周缘地区。这样的一个地域，就是一个大地构造单元。地槽学说基于地壳活动和稳定性的差别，将地壳的一级构造单元划分为地槽（褶皱系）和地台；板块构造则将六大板块作为全球的一级构造单元，并将分隔它们的边界也作为构造带看待。事实上，上述的每一种一级单元内部，还可以进一步划分出次一级，乃至更小的构造单元。

造山带一侧以气田为主，而油田则离造山带有一定的距离。前陆盆地不同构造单元油气富集程度差异较大。造成油气富集程度差异的原因主要是运移通道，冲断带断裂发育并具多期活动，油气排运充分且充注效率高。

前陆盆地发育的后期往往出现蒸发岩沉积，膏盐或膏泥岩形成优质的区域性封盖层，对构造活动强烈的前陆盆地的油气保存起着至关重要的作用。

克拉通盆地：在板块离散的条件下完全形成于陆壳之上的盆地。包括形成在克拉通周边环境和克拉通内部的盆地。克拉通盆地是局部热源之上的热隆起、低密度地壳表层的剥蚀、变薄、冷却、收缩和最后沉降的结果。克拉通盆地中往往含有丰富的油气资源。

大型含油气克拉通盆地，常常发育在地壳结构薄弱带之上。克拉通盆地首先是发育在前中生代陆壳之上，其次是早期的裂谷地堑或以前的弧后盆地上。克拉通盆地长期相对稳定的地质背景，可形成多套生油岩、储层和多种类型的圈闭。活化的或交替活动的断裂有利于油气的运移，引起油气的重新分布。沿古构造带往往构成克拉通盆地内的油气富集中心。

我国的三大著名克拉通盆地是塔里木盆地、鄂尔多斯盆地和四川盆地，那里都发现了丰富的油气资源。

裂谷盆地：一般指大型岩石圈拉张破裂而形成的长条形断陷或坳陷。在地貌上表现为对称或不对称的中央深凹的谷地。按其所处位置可分为大陆裂谷、陆缘裂谷、陆间裂谷和大洋裂谷（图1.27）。

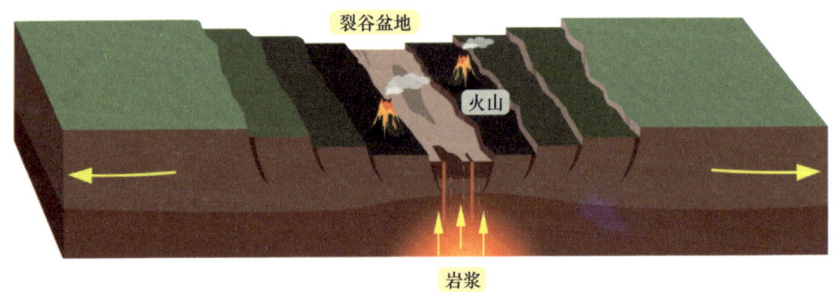

图1.27 裂谷盆地形成示意图

裂谷盆地主要是由于地壳运动中的拉张应力、挤压应力形成的，也有的是因为两个巨型的大陆沿着不同方向移动、彼此产生的剪切力而形成的。我国极为重要的产油区渤海湾盆地、江汉盆地等都属于裂谷盆地。

1.12 地壳活动的踪迹——断层、褶皱和地震

如果一个人脸上有了疤痕，那是件很不幸的事情，而地球在漫长的发展历史中，大陆板块的漂移与裂开、碰撞对接、强烈的地震，都会在大地表面或深处留下明显的痕迹——断层与褶皱。

自然界中断层是地壳构造断裂变动所产生的后果，会造成地层发生破裂并沿断裂面两侧发生明显相对位移的现象，即同一岩层沿破裂面拉开发生上下或左右移动，造成同一岩层面被拉开而移动一段距离。由于在地壳中断层广泛分布，种类繁多，规模不一，因而常用下面几个术语对断层形态、空间上的分布特征进行描述和分类，以区分各种不同的断层（图1.28）。

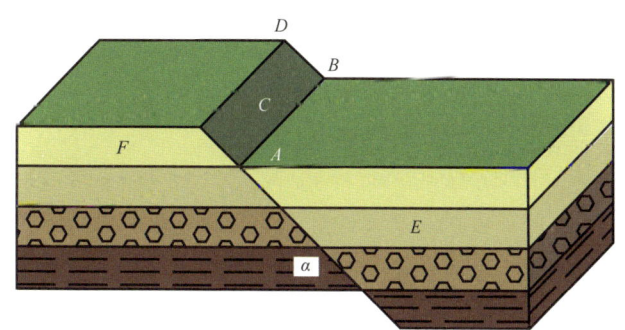

AB—断层线；C—断层面；α—断层倾角；E—上盘；F—下盘；DB—总断距

图1.28 断层要素

断层线是在平面图上表示断层面与地面的交线，它表明断层延伸方向。断层面两侧的两个岩层块体叫作断层的两个盘，相对于倾斜着的断层面而言，断层面上边的叫上盘，下边的叫下盘。人们依据断层两盘的位移情况，

习惯上常把相对上升的一盘叫上升盘,反之相对下降的一盘叫下降盘。这与上盘与下盘的概念在内涵上是有区别的。

断距是指示断层大小的重要数据,它一般表示两盘相对位移的距离,可分为垂直断距和水平断距等。显然,断距大的断层大,就像摩天大楼顶面与地面的高差远大于平房与地面的高差一样。

断层的类型常常依据断层两盘沿断面相对移动的方向而分成三类(图1.29):

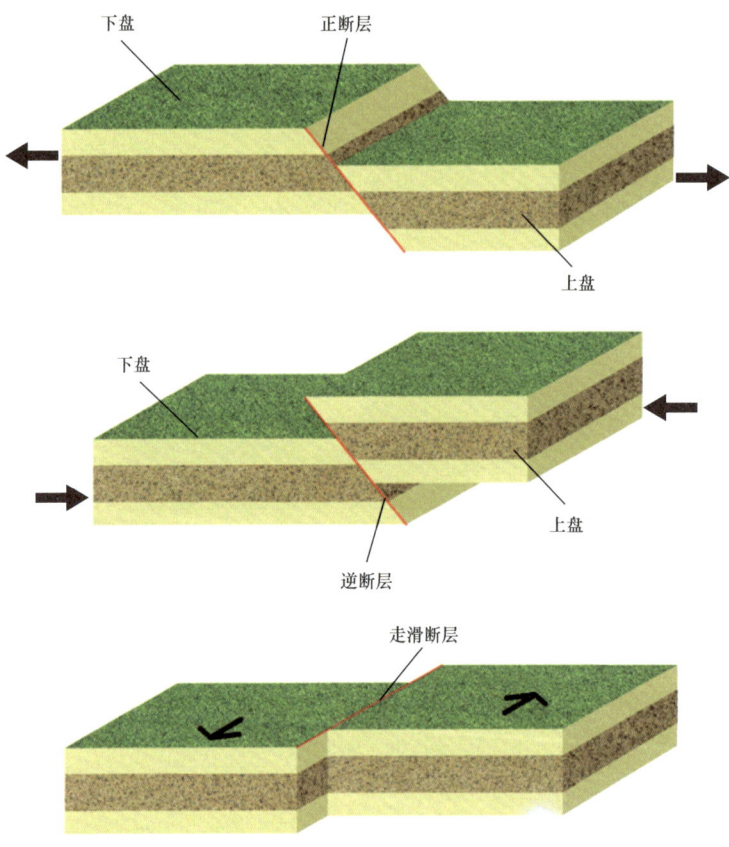

图1.29　各种断层形成的示意图

正断层：指沿倾斜断面上盘向下滑动，形成对下盘的错开。正断层一般是构造在拉张应力作用下产生的，是最常见的断层类型。如在松辽盆地、渤海湾盆地的断层绝大多数都属于此类断层。

断层的形成视频

逆断层：与上述特征相反，是上盘沿倾斜断面向上滑动，形成对另一盘的推覆。当推覆作用大时形成逆掩断层，它们常常是因地壳构造运动的挤压应力而形成的。

平移断层：又叫走滑断层，它是由断层两盘沿断层线的方向发生的相对位移，表现为平面上同一岩层的相对错动，而垂直方向上一般没有大的位移。平移断层是比较少见的一种。

断层与地震密切相关，可以说有断层的地方就有地震。日本、中国台湾地震多发的原因，就是那里正好处在太平洋板块与欧亚大陆板块交会、碰撞的地带，各种大大小小的断层时有出现，地震也就频频发生了。断层在人类开发矿藏，修筑公路桥梁、涵洞，建筑高楼大厦，搞水利建设，防治地震等地质灾害的过程中都是必须充分重视的地质因素，如不加以防范，造成后果不堪设想。因此，人类要想改造自然，对断层的研究当然是十分重要的事情（图1.30）。

图1.30 美国犹他州Arches国家公园大断层

但对石油和天然气藏来讲，断层具有两重性，既有助于油、气藏的运移，又可把已形成的油、气藏破坏掉。所以断层常常是石油地质学家研究的重要对象。

当你在山地行进时，在一些修公路开辟出的悬崖上会看到一些岩石层一层又一层地叠合在一起，有的岩层向上弯曲，好像倒放着的一个个大锅叠在一起，这种地质构造叫背斜。处在地下的这种背斜构造常常是储集油气的地方，因而是寻找石油天然气的重要调查对象。与上述情况相反，若岩层向下变弯曲时，这种褶曲叫向斜。在山里常常会看到这座山岩层向右倾斜，而旁边另一座山的岩层向左倾斜，这种景象很可能意味着此地存在较大的背斜或向斜构造。通常可依据两个山间地层的新老关系来确定，常常是背斜中间的岩层老，向两边变新，而向斜则正好相反，岩层是中间新两边老（图1.31）。

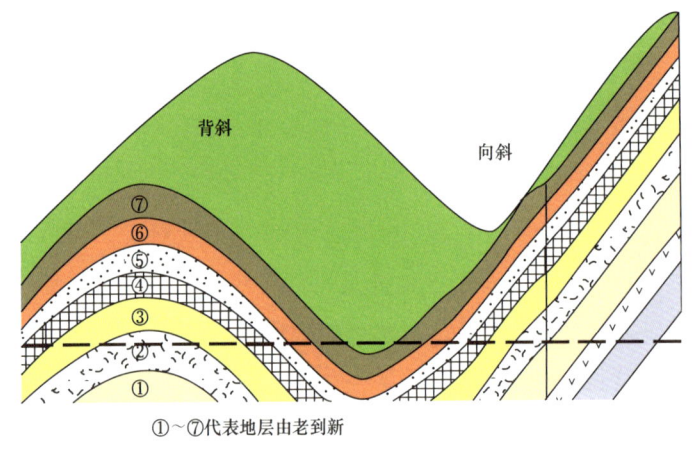

①～⑦代表地层由老到新

背斜成山，向斜成谷

图1.31 背斜与向斜构造示意图

未经变动的岩层通常是呈水平状态的，就像海或湖底沉积的一层又一层泥和砂一样。为什么我们会看到这形形色色的褶皱呢？这些也是地壳运动的结果。

地壳运动是由地球内部力量变化引起的，它能使地壳上的岩层产生各种变形而形成不同的地质构造。按照产生的构造型式，构造运动通常分为以下三种：第一种称为振荡运动（升降运动为主），多表现为大面积的周期性下降和隆升，有明显的波动性特点，振荡运动的结果往往能形成大型隆起和大型坳陷；第二种称为褶皱运动，是构造运动使地壳中岩层发生弯曲变形（地质学上称为褶皱），但并未造成地层的不连续性；第三种称为断裂运动，指岩层因地壳运动发生断裂，致使岩层断开而不连续（图1.32）。

可以说，褶皱就像大地脸上的"皱纹"一样——在地壳活动作用下，用力一挤就会出现。挤得程度太大了，岩层就会断开，形成断层。所以褶皱与断裂二者也常是伴生的，有时它们会同时出现在一个地方。

地震是令人"谈虎色变"的，地震对人类社会和地球表面形态的破坏都是非常强烈和明显的。地震过后，山崩地裂，房倒屋塌，江河改道……都会留下醒目的痕迹。

图1.32 小型褶皱

强烈的地壳作用与石油和天然气的形成特别是油气藏有着非常重要的关系——油气可以沿着断层面迁移或聚集成藏，当然，它们也会在很短的时间内给以前形成的油气层和油气藏造成"灭顶之灾"，使得需要千万年才形成的油气田毁于一旦。

1.13 海相沉积与陆相沉积之辨

沉积相是沉积物的生成环境、生成条件和其特征的总和。沉积相包括了沉积的自然地理条件，如海、陆、湖沼、冰川、沙漠等的分布和地势的高低，还包括气候的冷暖、干湿等，以及沉积时的构造背景是隆起还是坳陷（凹陷），沉积时期水介质物理和化学条件。由于这些条件的不同，沉积物就表现为不同的类型，按沉积自然地理环境沉积相可分为海相、海陆过渡相和陆相三大类。

一提到海相沉积，人们就会想到浩瀚无边的大海。海洋的规模是湖泊无法相比的。海水的盐度高，是咸的；而地质历史中绝大多数湖泊盐度低，是淡水，现今有少部分湖泊盐度较高。海洋有潮汐作用，而湖泊没有。湖与海的这些差异导致了湖相沉积与海相沉积有很大的区别（图1.33）。

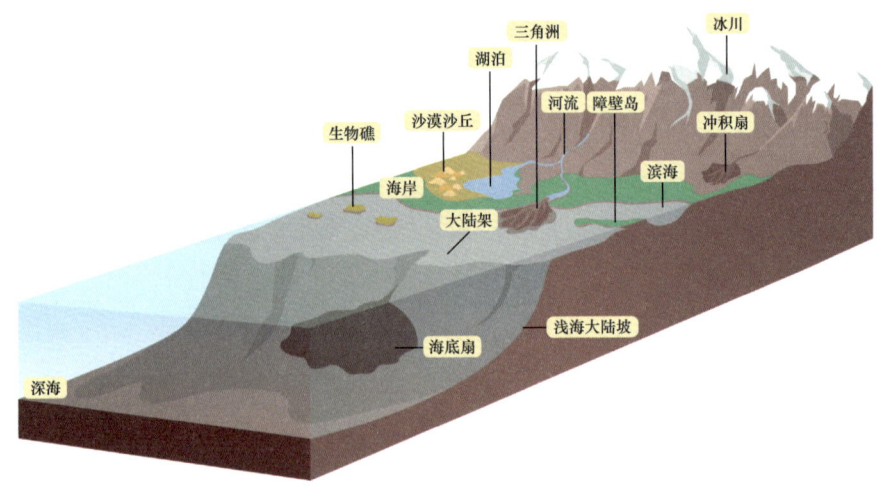

图1.33　海相沉积模式图

"海相"是海洋环境中沉积形成的沉积相的总称。根据形成的海水深度与在海洋中的位置可以分为滨岸相、浅海陆棚相、半深海相和深海相。

"陆相"是在陆地环境下形成的沉积岩相的总称，包括河流相、河湖过渡相、湖泊相、沼泽相及火山沉积相等（图1.34）。

图1.34　陆相沉积发育的良好场所——大型湖泊

还有介于海相和陆相之间的"海陆过渡相",比如三角洲相、潟湖相、障壁岛相、潮坪相等。

海洋和湖泊形成的沉积岩都有可能生成石油和天然气,海相生油岩和陆相生油岩哪个生成的石油规模大? 从世界范围看,有两个基本事实:一是大多数含油气盆地的生油岩是海相沉积地层;二是世界上产油量多、储量规模最大、最丰富的含油区在中东地区,石油储量占世界石油储量的61.5%左右,那里的生油岩也都是海相地层。这就说明,世界范围内海相生成的石油十分广泛,一般情况下也最丰富,而陆相生成的石油较具局限性。

地层形成及构造演化视频

早在20世纪20年代初,西方国家一些地质学家根据对我国四川和陕甘宁等地区的几次地质考察,就得出了"中国贫油"的观点。当时,世界上在海相地层中已发现很多大油气田,而中国只在陕北陆相沉积盆地中发现有小油田,因此外国人提出"陆相贫油""陆相没有大油田"的观点就毫不奇怪了。

随后几十年中国的石油勘探历史和实践表明,陆相地层能生油并找到了大庆、华北等大型乃至巨型油田,这是石油地质勘探和理论上的新突破,也产生了巨大的经济效益。当然,人们应清醒而客观地看到海相地层生油的巨大潜力,在许多方面有优于陆相地层的地质条件(图1.35)。

图1.35 典型的陆相沉积岩层——甘肃张掖的丹霞地貌五彩岩石层

首先，海相盆地具有优越的、比较稳定的水下环境。沉积物中有机质得以保存，关键因素是环境的缺氧程度，处于较深的水体环境，才能使大量有机质不被分解和破坏。一般来说，海洋的咸水环境比陆相淡水环境更有利于有机质的保存。即便是海洋咸水环境下，沉积物中的有机质也只能保存下相当于原始有机质的 0.1％。当陆相湖泊达到半深水—深水环境时，同样也有利于有机质的堆积与保存，利于生成规模性石油，但总体规模一般仍不如海洋中的大。

其次，海相生油岩中有机质更有利于油气生成。脂肪物质和类脂组分是石油形成重要的贡献部分。海洋浮游生物中含类脂组分较高，而陆源高等植物为主的陆相沉积层中的有机质以木质类纤维素为主，含类脂物少。对于纯海相和陆相沉积层比较而言，从生物发育的规模和性质来讲，陆相沉积层生成石油是有限的。但当陆相湖泊发育了较大规模的深水沉积时，其有机质性质也会改变，大量的湖生生物得到繁殖，使有机质类脂成分增加，同样会形成较丰富的石油。

最后，陆相沉积盆地多分布在山前、山间等大地构造活动区域，且规模相对较小，并常受造山运动、断裂活动影响，生成原油及油藏保存条件不够理想。而海相盆地规模大，构造相对稳定，沉积相类型变化少，生油岩和储油岩变化少、分布广，这就保证了生成的油气资源丰富，并且能及时地运移到优质的储层中，在适宜的条件下聚集成油气藏。因此，海相盆地更有利于大型构造型油气藏的形成，且油藏保存相对要好。

这些基本差异决定了海相盆地含油区的石油产量、储量规模及其丰富程度，在全世界石油分布中占有绝对优势。

人们知道了自然界中沉积岩的分布规律，也掌握了各种矿藏的分布特点，就能够预测到哪里去寻找石油、天然气和煤等。

1.14 中国巨型油气区的"华丽转身"

塔里木盆地位于我国新疆维吾尔自治区南部，面积 50 余万平方千米，是我国最大的盆地。盆地中央浩瀚的塔克拉玛干沙漠是我国面积最大、最干燥的沙漠，号称"死亡之海"。塔里木盆地蕴藏着丰富的石油和天然气资源，是一个充满希望的巨型油气区。

你想过吗？塔里木盆地并不是"土生土长"，从古到今一直在原地不动的一块地方。地质学家经过几十年的研究，发现它是一位长途跋涉、从遥远的南半球"漂来的神秘客人"，在中国的大西北进行了一次"华丽的转身"。

自从 20 世纪 50 年代"大陆漂移学说"逐渐获得地学界接受以后，地层学和古生物学家就开始琢磨塔里木盆地的"原住址"了。在远古的震旦纪（距今 5.9 亿~6.2 亿年），塔里木地块与华南、印度、澳大利亚、南极等地块共同"居住"在地球的南半边，构成了一个被地质学家称为"冈瓦纳泛大陆的部落"。那时，几块大陆上都发育了冰川，形成了"冰川漂砾"岩石层，到了大约 4.5 亿年前，这几个板块上的腕足类、三叶虫、珊瑚等海洋生物已经十分发育。

我国的地层古生物学家在震旦系—寒武系界线剖面，比如云南的筇竹寺剖面、四川的罗惹坪剖面等地，陆续找到了磷块岩和岩石成分相似的砾石层。20 世纪 80 年代中期，在塔里木盆地西缘的柯坪剖面上的震旦系—寒武系界线处也发现了磷块岩层和砾石层。在这三个彼此相距几千千米的地方，古生物学家在寒武系底部都找到了小壳类动物化石、海绵骨针等地球上最早期的硬壳、硬体生物化石，三个地区的三叶虫化石可以进行属种之间的对比。在其他几块冈瓦纳泛大陆板块上，在距今约 5.9 亿年前的震旦纪，大陆冰川都十分发育，生物群落面貌也十分相似。

大约到了距今约 4.4 亿年前的奥陶纪后期，地壳板块发生了相对运动，塔里木和华南板块离开了冈瓦纳泛大陆并向北漂移，而澳大利亚和南极则滞留在原地。

到了大约 3.5 亿年前的泥盆纪，华南板块已"漂"到了当时的赤道附近，"生活"在潮湿的热带环境中，而塔里木地块此时已漂至北纬 15°～30° 的干旱气候带内。在现代地球上，这类岩性大都发育在非洲撒哈拉大沙漠所处的北纬 20°～30° 地域。古地磁测定的结果也表明，此时的塔里木盆地的古纬度与现在的北非撒哈拉大沙漠相当。不过，从华南与塔里木两地在晚古生代地层中含有许多相同的古生物化石和相似的地层层序来看，当时的华南与塔里木盆地很可能相距很近，甚至可能首尾相接，两地之间的海水应该是相通的。

到了距今约 1 亿年前，冈瓦纳大陆中又分离出了印度板块。它快速向北漂移，并拉动着塔里木地块加速向西北方向漂动，渐渐地远离了华南板块，并接近了早已在那里的哈萨克斯坦、西伯利亚等板块。在古生代末期，终于与这些板块拼合，构成了现今的亚欧地理格局。

正是古生物学、古气候学、地层学、古地磁学和地球化学互相佐证，验证了塔里木板块在地质历史进程中的分聚、离合和漂移的扑朔迷离过程。这位神秘的"南方来客"一路"奔波"北上，在漫长的地质时期内"华丽转身"，并且形成、保存了多套烃源岩与油气藏。在几代石油地质科技工作者的努力下，塔里木盆地终于被揭开了神秘的面纱，成为我国巨型油气区和重要的油气生产基地（图 1.36）。

图 1.36　塔里木盆地沙漠勘探（摄影：吕殿杰）

二 油气生成与油气藏形成

石油，与人类的生活息息相关，深刻影响着人们的衣食住行。那么，什么是石油，它由什么物质生成？亿万年的地质历史，石油经历了怎样的演化？石油在地下是怎么储存的，储存在哪里，是不是地球上每个地方都有石油，要保存住石油需要哪些必要的条件？

2.1 "此物后必大行于世"——石油

1959年，大庆油田的发现使人们知道了中国也有世界级大油田，对"石油"这个名词也开始熟悉了，但大多数人没有看见过石油。石油是一种液态的可燃的矿产，是工业的"血液"，是"黑色的金子"。说它是"血液"是指工、农业的运行和发展，每时每刻都离不开石油。如化学工业以石油为原料，可生产出各种各样的化工产品；交通运输和机器工业，每时每刻都离不开汽油、柴油、航空煤油、润滑油等油品，这些油品是从哪里来的呢？答案是这些产品都是从石油中提炼出来的（图2.1）。

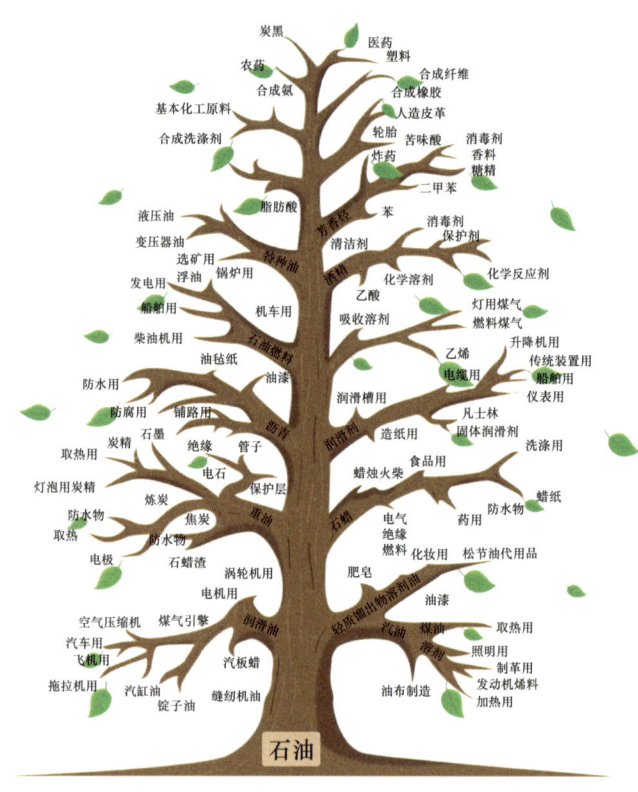

图 2.1 石油产品树

随着科学技术的进步，人类逐渐发现了石油的奥秘。石油主要由碳（C）和氢（H）两种元素组成，是赋存于地下岩石孔隙中的可燃矿产。按质量计算，碳元素占83%~87%，氢元素占12%~14%，这两种元素合起来，占石

图2.2 二氧化碳、水与石油中所含元素的对比

油总量的99%，在剩下的1%中，用发射光谱法和中子活化分析法还发现了57种元素，常见的有36种，主要是硫（S）、氮（N）、氧（O）、铁（Fe）、钙（Ca）、镁（Mg）、硅（Si）、铝（Al）、钒（V）、镍（Ni）、铜（Cu）、锑（Sb）、锰（Mn）、锶（Sr）、钡（Ba）、钴（Co）、锌（Zn）、钼（Mo）、锡（Sn）、钠（Na）、钾（K）、磷（P）、锂（Li）、氯（Cl）、铍（Be）、锗（Ge）、银（Ag）、砷（As）、金（Au）、钛（Ti）、铬（Cr）、镉（Cd）等。钒（V）和镍（Ni）是分布普遍并具有成因意义的两种微量元素，V、Ni含量及其比值是确定生油岩有机质和进行油源对比的重要依据（图2.2）。

烃是有机化合物，由碳和氢两种元素组成，占石油成分的97%~99%。石油中的烃主要有烷烃、环烷烃和芳香烃三类。石油中含有大小悬殊的烃分子，小的烃分子称甲烷（CH_4），再大的有乙烷、丙烷……癸烷（图2.3），还有十一烷、十二烷、十三烷等，由于烃分子大小不同，其沸点也不同，分子越小，沸点越低。分子小的（C_1—C_4）是气体，中等的（C_5—C_{16}）是液体，分子大的（C_{16}以上）是固体。

组成石油的化合物除了烃类以外还有非烃类，非烃类则以S、N、O化合物的形态存在于胶质和沥青质中。

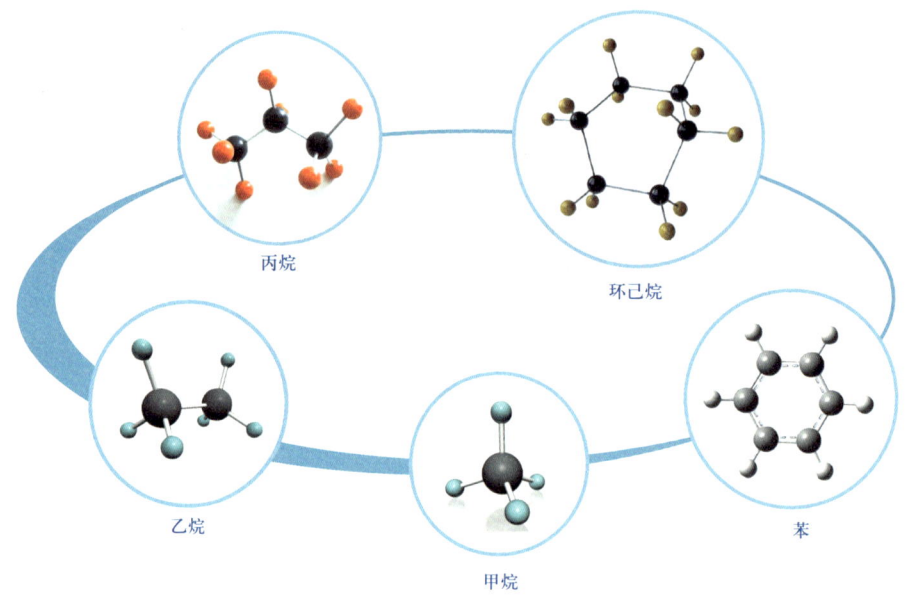

图 2.3 石油中各种有机化合物的分子式

石油是一种油脂状胶体,弄到哪儿都不容易洗掉,颜色以棕褐色、黑褐色、黑绿色多见,少数有淡黄色、白色。

石油与水相比,绝大多数要比水轻,相对密度一般在 0.75~1.0 之间。石油呈黏稠状,其黏度大的不容易流动,黏度小的跟水差不多。最稠的石油须加热才能在地面管线中流动。我国各地油田产出的石油相对密度不一样,大庆油田的原油相对密度为 0.83~0.88;胜利油田的变化范围大,为 0.87~0.99;中原油田以稀油为主,相对密度为 0.82~0.88;克拉玛依油田原油相对密度为 0.80~0.87。石油为什么粘手上水洗不掉呢?这是因为它不溶于水,如果用有机溶剂一洗就干净了。

石油的另一个特性是可凝固。大家知道水在 0℃以下才会变成固体冰,而石油则不一样,有的在 30℃也可凝固,而有的要在 0℃以下(如 -30℃)才凝固,这就使石油在有特殊应用价值。

通常石油具有荧光性,在紫外线照射下会发出荧光,利用这个特性地质人员可检查从井返出的岩屑是否含有石油。

早在宋代，著名学者沈括就试着用石油燃烧生成的煤烟制墨，"黑光如漆，松墨不及也"，这是对石油开发出来的产品的描述，其聪明智慧让人惊叹（图 2.4）。传世之作《梦溪笔谈》中"此物后必大行于世"的论述，让沈括成了关于石油未来发展的预言家，也被后来蓬勃发展的石油工业所证实。

> **小贴士**
>
> 沈括（1031—1095 年），字存中，号梦溪丈人，汉族，浙江杭州钱塘县人，北宋政治家、科学家。沈括出身于仕宦之家，幼年随父宦游各地。晚年移居润州（今江苏镇江），隐居梦溪园。绍圣二年（1095 年），因病辞世。沈括一生致志于科学研究，在众多学科领域都有很深的造诣和卓越的成就，被誉为"中国整部科学史中最卓越的人物"。其代表作《梦溪笔谈》，内容丰富，集前代科学成就之大成，在世界文化史上有着重要的地位，被称为"中国科学史上的坐标"。

图 2.4 沈括

2.2 清洁能源——天然气

当今居民生活中用来取暖、燃烧的气有两种：一种是由煤在加工成焦炭过程中产生的烃类气，俗称煤气；另一种就是来自油气田的天然气。随着天然气工业的日益发展，天然气这种清洁的能源正在取代煤和煤气，在我国和世界能源消耗中的比重日益增加（图 2.5）。

什么是天然气呢？凡自然界中天然形成的气体皆可称为天然气，包括自然界中的一切气体——地球的气圈、水圈、岩石圈及地壳深部地幔和地核中心全部天然气体。不过日常所说的天然气是一种狭义的天然气概念，一般是指可以燃烧的以烃类气体为主的天然气体,也有一些以不能燃烧的二氧化碳或氮气为主、个别情况以硫化氢为主的天然气体。它们分布在岩石圈、水圈及地球内部。

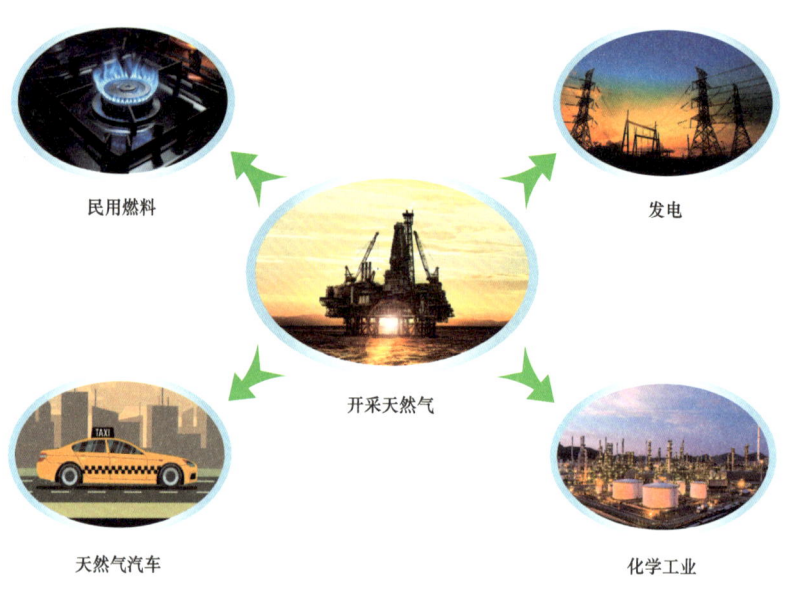

图 2.5 人们熟悉的天然气使用

天然气绝大多数是由气体化合物与气体元素组成的混合体,由单一气体组分组成的较少见。

天然气中常见的化学组分有:烃类气(甲烷—丁烷)、二氧化碳、氮、硫化氢、汞蒸气、氢、氧、一氧化碳和稀有气体(氦、氖、氩、氪、氙)等。

天然气的物理性质和化学性质与水和石油相比是完全不同的。通常情况下为气态,容易流动。它的相对密度一般较空气低(相对密度为 0.5~0.8),其中只有二氧化碳(1.519)和硫化氢(1.17)的相对密度较大。天然气一般情况下是无色、无味的,但有一些非烃类气体如硫化氢组分有特殊异味,为臭鸡蛋味。甲烷、乙烷等烃类气体可燃、无毒，但可使人窒息。二氧化碳、氮气等不可燃，硫化氢为极毒气体，空气中极少的含量就可以使人受到伤害。

天然气被称为清洁能源是有原因的，但并不是"零排放，零污染"。它之所以被称为清洁能源，不仅仅是因为天然气在开采、生产、运输过程中产生的污染较低，相比需要复杂炼化的石油，天然气基本上经过脱硫脱水就能用了。而且运输也更加简单，管输成本不高，液化天然气（LNG）船运更便宜。

天然气燃烧的产物虽然含有二氧化碳，相对煤和石油来说要简单清洁很多，其不会产生粉尘/固体颗粒，也不会有太多的不完全燃烧。

人类根据天然气的不同特性经化学处理加工生成各种各样的产品，为人类造福。未来世界天然气的利用将更加广泛，因为它的资源丰富，清洁高效，是最佳能源之一。

2.3 "石油"一词出自何方

"拉迪那凯（Rhadinace）"这个看上去十分古怪的名称，是古波斯帝国时期居住在现今伊朗南部胡泽斯坦省、滨临波斯湾地区的古苏萨人对石油的称谓，距今已有2500余年。公元前居住在古伊朗高原西北部波斯雅利安人，把石油称为"纳发萨（Naphtha）"。这两个名称，今天听起来似乎很陌生，却是我们人类给石油最早的命名。伟大的古希腊历史学家希罗多德（Herodotus，公元前484—前425年）在公元前5世纪中叶写下的一部《历史·希腊波斯战争史》，记载了当时采用原始手工方式进行掘井采集石油的情况，这就使得我们今天在研究人类认识与利用石油历史的时候，有了一份最古老的文献（图2.6）。

图2.6 古波斯文献中描绘的石油开采技术

希罗多德在这本书中讲到，石油井位于古波斯帝国首都苏萨城（Susa）附近约40千米处的阿尔代里卡（Ardericca）地区。井口处有一个绞盘，系着一个皮囊。将这个皮囊下到井内，把汲取到的液体提上来倒入一个池子里，接着再倒到另一个池子。过一段时间这些汲出物便分解成为固体的沥青和盐，以及液体的石油。这种方法得到的石油富含硫，具有刺鼻的臭味。该书还描绘了在希波战争中使用"石油火箭"的场景：参战人员用浸蘸了石油的麻布，缠裹在箭头上，点燃后射出。如果事先在河流的水面上洒上石油，等敌方船只过来，便放箭点燃航道上的浮油，水面上顿时燃起大火，焚烧敌船。公元前480年古希腊首府雅典城被围困时，就采用了这种方法烧毁了敌方的船队。这是我们迄今所了解的关于石油用于战争用途的最早的文字记载。在中国的宋代，就有了专门用于战争的火焰喷射器，其燃料也是石油（图2.7）。

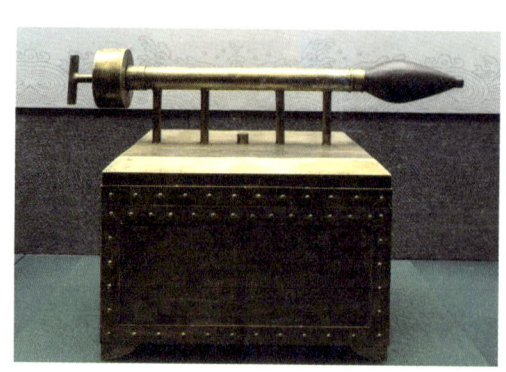

图2.7 宋代火焰喷射器——猛火油柜

古代人在给自然界的现象和事物取名时，往往是凭借直观观察的结果。"拉迪那凯"和"纳发萨"这两个古希腊名词具有"渗流""流动"的含义。这表明古人是亲眼见到了油苗流动的情景之后"触景生情"命名的。

人类发现石油的历史虽然很久，但由于技术还很不发达，不可能对石油进行有效的勘探开发利用。早期的石油发现和使用只不过是一时一地的人们偶然所得，即使已经进行了有组织的开发利用，也是较小规模的，还未形成一种产业。

两千多年以来石油名称的演变，反映着人类对石油认识的不断深化和科学应用。

1983年8月在英国伦敦召开的第11届世界石油大会上提出了一个关于烃类物质命名的推荐方案。1997年10月在中国北京召开的第15届世界石油大会上提出并确定了能为世界公认的关于石油储量的术语。

"石油"一词在中国的出现，许多人认为是宋朝的沈括（公元1031—1095年）最早提出并使用这个名称的，其所著的《梦溪笔谈》中，不仅使用了"石油"这个词，而且描述了石油的状态和用途等，这是很有科学价值的。其实，在此之前，北宋李昉《太平广记》中已有记载："石油井在延长县北九十里，井出石油，取者以雉尾挹（挹，舀、汲取之意），採入罐中，燃之如麻，多煤烟，为墨雉，更疗疾病。"《太平广记》的编纂工作始于太平兴国二年（公元977年），结束于太平兴国六年（公元981年），而沈括著《梦溪笔谈》是在此书成书以后100多年的事了。因此，目前已知最先为"石油"命名的人应该是我国北宋时期的李昉。

> **小贴士**
>
> 世界石油大会（World Petroleum Congress）是一个非政府、非盈利的国际石油组织。1933年8月在伦敦成立，每4年举行一次，从第14届大会以后改为每三年举行一次。第二次世界大战期间曾中断活动。1951年恢复活动。
>
> 1979年9月13日，在布加勒斯特举行的第10届大会通过决议，中国国家委员会被接纳为该组织常任理事会成员。1997年10月12日至16日，第15届大会在中国北京举行。

2.4 石油藏在石头里

文学作品描述了"地下油海"和"地下油河",不少人也认为,石油工业中所讲的油层就是像海、湖一样流动着石油。其实不是的,石油是"石头里的油",它像水浸透在海绵里一样浸透在石头里。

你试着把一块干燥的海绵用水浸泡后就可发现,它明显地变重了。这是水通过许多不易看见的小孔隙渗到了海绵里面。可是,石头那么坚硬,油能渗进去吗?其实,自然界里的石头也不是铁板一块,无缝可钻。我们常常可以看到山上的岩石就有着各种各样的裂缝和大大小小的孔和洞。即便是没有遭到各种地质作用破坏的石头,它们的内部也存在着这样那样的缝缝洞洞,只是有的比较大,肉眼就可以看到,有的却很小,要借助放大镜、显微镜才能看得清,或者要借助一些方法证明它们存在。例如,当你在磨刀的砂石上浇上几滴水,一会儿就可以看到,这些水渗到石头里去了,表面只留下一片湿漉漉的痕迹。这就证明,像磨刀石那么坚实的石头也有许多肉眼看不出来的孔隙,现代科学证实,即使在纳米级的孔隙内,也可能富含石油和天然气。

油层中的石油,就像水渗透到海绵、磨刀石里一样,渗透在岩石的缝缝洞洞里。缝缝洞洞越多越大,岩石里可以装的石油就越多;缝缝洞洞之间相互连通越好,渗透性越好,石油在岩石里流动也越容易(图2.8)。

天然气在地下存在的情况也和石油一样,储存在岩石的缝缝洞洞里。不同的是天然气是气体,它们的分子比油的要小得多,所以它比液态的石油更会"钻空子",不仅可渗进石油的岩石都能渗进天然气,就是石油进不去的岩石,有的也能渗进天然气。

我们把凡是能够储集和排出石油及天然气的岩石层称为储油层或储层。显而易见,储层是指有储集能力的岩石层,而不是说有储集能力的岩石层中一定会有石油或天然气。

图 2.8 岩石内部的孔隙和裂缝——石油的藏身地

2.5 孕育石油和天然气的"母体"

虽然对石油的成因已经有不少的观点,但大多数学者都同意"有机成因"的学说,即石油与天然气是由远古时死去的各种生物体转化而成的。但是,自然界中那么多的生物(包括动物、植物、微生物等),究竟哪些是生成油、气的主力呢?

每年,从初春到深秋,我们生活的大地万紫千红,各种各样的植物、动物把地球装饰得多姿多彩。你可曾想到,与现代生活密切相关的黄色、黑色、褐色的石油会是由它们,或者是它们的孢子和花粉变成的!

生物群落中的内容十分丰富,在地质历史中,有大到恐龙、原始哺乳动物,小到草木花朵,乃至肉眼看不到的被子植物的花粉与裸子植物的孢子体。在水体中,有鱼类、贝类、浮游动植物等。它们是装点大地、海洋的主体,也是构成地球上有机物的基础。

在占地球表面75%的水体中,生活着大量的微生物和微体生物。海洋学家在不同深度的海洋水体中安置了生物体接收网。据观察推算,海洋中的浮游生物每年的死亡量可达5500亿吨。它们在海水中大量生存被科学家称为"生物雨",而死亡后向海底飘落则形成了"尸体雨"。还有大量的生物遗骸被河流和风源源不断地携带到海洋与湖泊中,不断地沉降到底部,这些生物和碎屑就是生成石油、天然气雄厚的物质基础(图2.9)。

在水体中,生物死亡以后,体内的主要成分如碳水化合物、蛋白质、类脂物、木质素等会先后遭受程度不同的分解与破坏。分解产物一部分被另外一些生物当作能源而再循环,另一部分则经过物理化学过程而变为简单分子(CO_2和H_2O等)。剩下的部分,是生物原始数量的极少部分,没有经历完全的生物再循环和物理化学分解而进入沉积物中,这就是"沉积有机质"的主要来源。

图2.9 生成油气的过程

早期的沉积有机质和沉积物在沉积的压实作用下，不断地被埋藏到较深的部位。在正常的地质条件下，需经过 5000~10000 年才能形成 1 米厚的沉积层。在这段沉积时期，细菌活动引起的发酵作用，使有机物中的纤维素、蛋白质和多糖大分子被降解。大多数有机质在这一阶段聚合成不溶于有机溶剂的有机物，人们称之为"腐殖组分"，石油地质学家把它叫作"干酪根"，它的形状和性质有点像人们日常生活中炼制动物油后的油渣（图 2.10）。

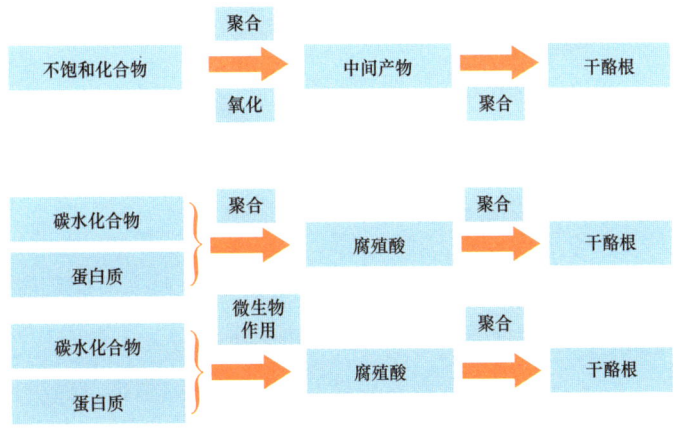

图 2.10 生成油气的母质——干酪根形成示意图

干酪根（Kerogen）一词来源于希腊语，意为能生成油或蜡状物的物质。1912 年布朗（A. G. Brown）第一次提出该术语，表示从格兰油页岩中的有机物质在干馏时可产生类似石油的物质。以后这一术语多用于代表油页岩和藻类中的有机物质。直到 20 世纪 60 年代才明确为代表沉积岩中不溶于酸的有机质。人们对干酪根的真正含意也争论了很久，目前比较趋于一致的看法是：干酪根是死亡后的生物体在一定条件下被微生物降解，残留下来的不溶部分，而可溶部分则称为沥青。石油地质学家在实验室模拟条件下，使干酪根转化生成了石油烃，所以干酪根生油说就成为有机生油理论的核心。

从有机质到干酪根,主要得益于细菌的降解作用,使干酪根进一步演变成石油则主要靠温度作用(图2.11)。

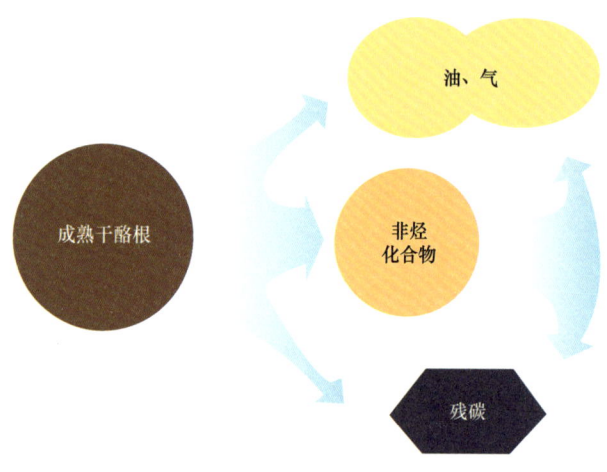

图2.11 干酪根降解生烃机理模式图

干酪根是一种极为复杂的大分子化合物,来源和形成原因都十分复杂,人们使用了高倍扫描电子显微镜和透射电子显微镜、多种有机地球化学分析,但迄今依然没有能够准确而客观地认清干酪根的结构,但可以确定,它与生物体的残余物有着密切的关系。

在不同沉积环境中不同类别生物体的天然组合,决定了沉积物中不同来源的有机质形成的干酪根的组成和类型,因而造成它们的性质和生油气的潜能有很大的差别。

不同的干酪根类型对生成油气的潜能大小及质量好坏有重要的影响。腐泥型干酪根最好,它反映有机物来源以低等水生生物藻类为主,生油质量最好。其次则为混合偏腐泥型,反映有机物中水生生物、陆生高等植物都有,但水生生物占比更大些。再次则为混合偏腐殖型,即以陆生高等植物生源占比例偏多。差的类型是腐殖型,以陆源高等植物生源为主,对生油来讲是质量最差的,优点是它更有利于生成天然气。

2.6 什么样的岩石能够生成石油?

如果有人拿着一块黑色的页岩和一块肉红色的花岗岩,问你哪块石头可能生成石油? 你肯定会说是黑色的石头。因为,日常生活中人们常用"黑油油"这个词语把黑色和油联在一起,虽然这句话的原意是指黑色土地富含有机质,但也道出了石油生成的道理。

石油的生成与黑色物质有关,生成石油的岩石往往存在于富含黑色(暗色)有机物质的沉积岩之中。这种沉积物常赋存在沉积盆地的低洼处,如古湖泊、古海洋的较深处,随着地质历史的演化能够生成石油。

可以生成油、气的岩石,专业上称其为生油岩或烃源岩。烃源岩有各式各样的种类,按岩石沉积类型可分为湖相泥岩、湖沼相煤岩、海相泥页岩和碳酸盐岩,以及海相和陆相的页岩等。泥岩和碳酸盐岩类的生油潜力高且规模大。若按含有机质成分分类,可分为腐泥型(水生生物为主)、腐殖型(陆生植物为主)和混合型(两者生物来源均有)烃源岩(图 2.12)。

图 2.12 黑色和暗色的岩石,可能是生油和天然气的岩石

当你看到一些岩石,或者观察山间出露的岩层时,你怎样才能识别可能的生油岩呢? 通常要先观察岩石的表面颜色。烃源岩多呈灰色、深灰色或灰黑色,岩石中也常见有小虫和植物叶茎等生物化石,由此可定性地说明其含有机质比较丰富。直接观察虽然简捷、直观,但并不一定可靠。因为镍、铁等元素及一些矿物的浸染也会造成岩石的发黑现象,造成一种"富含有机质"的假象。

为了准确了解有机质的含量，一般要定量地对烃源岩进行多种分析。专业人员通常要在现场采取岩石样品，然后系统地进行室内的精细测试，用各种仪器和不同方法求取岩石中总存的有机碳含量，包括可以溶解于酸的游离的有机质（氯仿沥青"A"）和不溶解于酸的干酪根的含量，它们是指示有机质丰度大小的重要指标。当然含量高者生油能力就强。人们依据勘探实践会确定一个下限指标来判定可能的生油岩，低于下限者一般难以形成有商业价值的石油，就不能称为好生油岩（图2.13）。

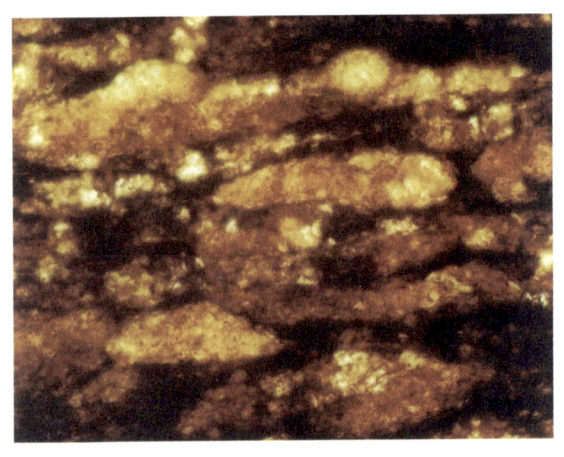

图2.13　富含有机质的生油岩显微镜下特征

生油岩中有能生成石油的物质也不一定就能产生石油，还存在一个有机质成熟不成熟的问题。生油岩中的有机质只有在古地温场中经历一段相当长地质时间的高温、高压力的熟化过程，还要经过非常复杂的生物化学、生物物理等作用，达到一定的成熟程度，才能生成油或天然气。这个原理有点像把一块肥肉放到锅里，加热到一定程度就会"熬"出油来。如果地层内的有机质演化程度过低，就像使用的锅温度不够高一样，有机质含量再高的石头也不能认为是好生油岩。所以识别生油岩需要进行综合分析。

有哪些岩石可能成为生油岩呢？暗色的沉积岩（包括黑色或深灰色泥岩、页岩、砂质泥岩和含膏泥岩，含碳质泥岩和页岩），以及深色石灰岩、白云岩、生物灰岩、礁灰岩等都可能成为良好的生油岩。煤连同含煤的富有机质地层则因其特殊的物质组分构成，往往可以生成大规模的天然气（煤型气）。而那些浅色的各种泥岩、砂岩、石灰岩及火山岩、变质岩等都是非生油岩石。

2.7 哪些条件有利于油气的生成？

形成有机质的主要供应者来源于海洋、湖泊中的细菌、浮游植物、浮游动物和高等植物，这些生物死亡后残体埋藏于水下沉积物中，经过一定的温度和压力作用，以及生物化学、物理化学作用便可形成石油。地球上多种生物体普遍发育于近代和古代的海洋、湖水中。石油形成是需要特定的地质、地球化学与生物化学环境的。丰富的生物（有机质）是形成石油的必要条件，另外还有一些宏观的条件。

首先，大地构造起着决定性的作用，强烈的地壳拉张会产生低洼、深陷的古海盆或古湖盆的还原环境。原始有机质在陆地表面难以保存，极易被氧化破坏。只有在比较广阔、长期被海水或湖水淹没的低洼地区，在缺氧的还原环境下，才有利于原始有机质的堆积与保存。这些有利生成石油的环境并不是到处都有，它受到多种地质条件的严格控制。那些大规模沉陷的湖盆或海盆，在漫长的地质历史时期需要经历多期地壳构造运动，它是比我们所熟知的地震、火山喷发还要剧烈的大规模造山运动，从而形成地势高低悬殊的高山和平原盆地，以及深埋地下看不见的很多起伏不平的隆起带和洼陷带。从全国地形图看，分布着大大小小众多被高山包围的沉积盆地，如新疆的准噶尔盆地、塔里木盆地，青海的柴达木盆地，陕甘宁的鄂尔多斯盆地，甘肃酒泉盆地，四川盆地，东北松辽平原，华北平原，以及中国沿海大陆架的一些被海水覆盖了的沉积盆地等。它们具有利于有机质堆积、保存的还原环境，这就为油气生成提供了前提。而且，地壳运动可以产生巨大的热量，还能加速油气的生成、运移和聚集成藏。

其次，还需要适合油气生成的古地理、古气候条件。无论在海相沉积盆地还是在陆地湖相沉积盆地中，都需要处于有利于大量生物繁殖和生长的地域，如在浅海大陆架区，陆地的深水—半深水的古湖盆区。温暖的气候条件有利于生物的大量萌发。

在海洋大陆架区，水深一般不超过 200 米，水体较宁静，阳光温度适宜生物的繁殖，尤其是各种浮游生物异常发育，死亡后不需经过太深的水体即可就近堆积下来，再加上这些部位近邻河流三角洲，陆上各种有机质也源源不断地被河流带入海中，这就使得这一带的沉积地层中的有机物质特别丰富，成为极有利的生油气区。大陆上某一地质历史时期发育的深水—半深水湖泊，具有稳定的还原环境水体，浮游生物特别发育，还有来自湖泊周围高山区由河流带来的大量有机质。相反，在滨浅湖区、沼泽地区水体动荡，有机质受氧化破坏则很不利于生成石油；或者在浅海区，虽然生物也极为繁盛，但是水体中的氧含量也很高，死去的生物或者被其他生物吃掉了，或者迅速被氧化破坏了，无法被保存下来，也就谈不上以后形成石油了。

也就是说，地质历史上发育的古湖盆、古海盆从总体上讲是具备了生油、气的大背景、大环境，但要形成具有工业开采价值的油气还需要适宜于有机质发育的古地理条件，它们大多位于海洋大陆架的较深部位和陆地的深水—半深水湖泊区等（图2.14）。

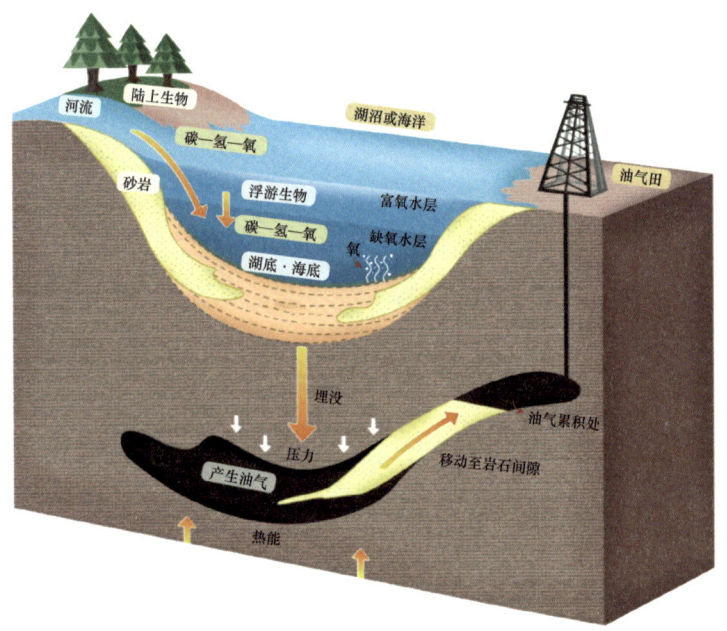

图2.14 石油生成的过程

古气候变化也很自然地影响着各种生物的生长和繁盛程度。温暖潮湿的暖湿带—亚热带气候是最有利于各类生物种属生长的。

最后，物理化学条件与生物化学条件也是必备的。大量有机质保存下来向石油、天然气转化的过程中，还需要适当的温度、时间、细菌、催化剂等生化条件，这就是有机质经过深埋于地下沉积地层中的物化作用。用形象的说法，它类似于"煮饭"，只有米和水，没经过一定时间的加热煮沸不可能做成熟饭。还有，在炼猪、羊油时，刚下锅时出油并不多，随着温度的增加，"榨"出的油就会越来越多。石油的生成要在大量有机质经过地下埋藏达到适当深度和温度（一般为65~120℃）就开始生成液珠状的石油，此后随着温度的升高，生成的石油也越来越多。

油气藏形成及演化视频

2.8 "石油酿造缸"的前世今生

20世纪以来，石油得到了广泛的应用，人们对它的形成也做出了种种猜测，随着研究的深入和油气的发现，许多猜测又不断地被修改或补充。

有一种曾经盛行的"石油酿造缸"的说法认为，不论是远洋的沉积物还是从大陆一侧搬运来的沉积物都可以陷入海沟的俯冲带中。当有机质随着板块的移动越来越深入洋壳与大陆壳之间的俯冲带时，这个巨大的"漏斗"中的温度逐渐升高，最后就可以把石油和水"煮"出来。这里既有源源不断的有机物质来源，又有足够的热量，活像一个巨大无比的石油制造工场。有位叫赫德伯格的学者还别出心裁地为这个"石油工场"绘出了一幅拟人化的漫画。这样一幅石油生成的漫画虽然诱人，但打从它画出来之后的几十年中，不论是人们对以前的发现进行重新审视，还是在后来的勘探实践结果都表明，世界上许多大油田并非分布在俯冲带附近的。所以，对这个俯冲带附近的"石油酿造缸"的假说，附和的人也越来越少了（图2.15）。

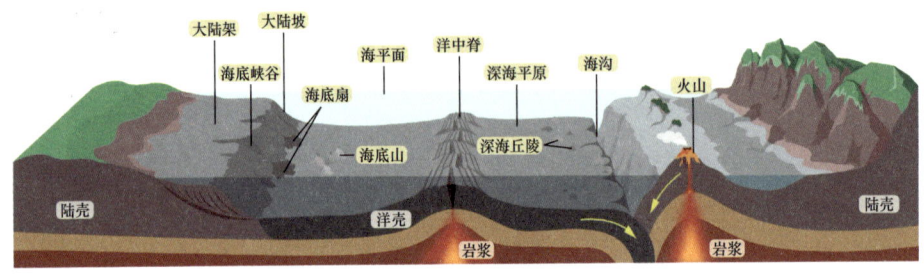

图 2.15 现代海底地貌（a）与"石油酿造缸"（b）的传说

大陆边缘地带是全球最宏大最重要的沉积区。大陆边缘不但接受了从大陆输送来的大量有机物质，其浅海地区本身也有丰富的生物繁殖。大量的生物物质被快速沉积的泥沙迅速掩埋，天长日久，就可能转化为石油和天然气。大陆边缘地区，确实称得上是石油的巨大酿造缸。所以不论是远古时期的大陆架、大陆坡还是现代的大陆架，都是石油和天然气勘探开发的重点地区。

虽然没法证实这种"石油酿造缸"的存在，但是否有适合石油和天然气生成的特殊地带呢？

挪威斯塔万格大学科技学院前院长佩尔·阿内尔·比约库姆和挪威国家石油公司两位学者经过 10 年的研究，于 21 世纪初提出了"油气勘探黄金地带"理论,并经过了全球 12 万个已知油气田数据的验证。

这一理论的核心内容是:全球油气资源集中分布在地下温度为 60~120℃的地带,且 90% 的石油和天然气储量都蕴藏在这一区域,而在此温度范围之外,特别是高于 120℃的地带,找到石油和天然气的机会非常渺茫。

新理论不但揭示了油气分布的温度范围,更进一步明确了大部分轻质油和天然气的储藏区域。在温暖地区(如挪威大陆架),油气勘探黄金地带位于地下 2000~4000 米处;而在寒冷地区,油气勘探黄金地带则位于地下 4000~8000 米深处。天然气的形成温度比石油要高,因此大家普遍认为钻探越深,开采天然气的可能性更大。

油气勘探黄金地带理论的提出,无疑有助于人们集中力量在地下温度为 60~120℃范围内寻找石油和天然气,从而大大提高勘探效率。

我国三大陆块(塔里木、华北和扬子陆块)中元古代的下马岭组、大塘坡组、陡山沱组、筇竹寺组实体化石、分子化石和地球化学等研究结果,进一步证实中元古代沉积有机质的母质来源以蓝细菌、硫细菌等原核生物为主,存在真核藻类生物对中元古代沉积有机质的母源贡献,当时弱含氧水体及硫化环境是有机质富集保存的最有利环境,古海洋氧化—还原条件的差异性决定了有机质的保存质量和生烃潜力,而由铁细菌、铁还原细菌、绿硫细菌、硫酸盐还原菌等微生物驱动的铁氧化作用、异化铁还原作用、硫酸盐还原作用等对有机质的降解和矿化起到关键作用,新元古代间冰期,海侵初期水体弱氧化环境,有利于有机质富集;早寒武世缺氧事件与水体磷含量升高,有利于初级生产力勃发与有机质有效保存,黑色页岩广泛发育。

真实的"石油酿造缸"是指深部油气的生产基地的位置、特征及规模。我国三大古陆块(中上扬子、北华北和塔里木)中新元古界野外露头剖面及钻探结果综合研究显示,超深层和中新元古界存在多套一定规模的优质烃源岩——那里很可能存在着"石油酿造缸"。

> **小贴士**
>
> **扬子陆块**:又名扬子克拉通(Yangtze Craton),扬子板块、华南克拉通,范围包含今长江中下游、中国西南部。

2.9　百年未决案——石油成因大争论

我们常用"化石燃料"来称呼石油、煤炭、天然气等经过千百万年才形成的能源。在煤炭中，人们早已发现了树木的化石和由树木的脂类物质形成琥珀等直接证据，表明其是由死去的植物体演变而成的；对于天然气，石油地质工作者们也已证明，它们可以由石油、甲烷细菌的生物化学作用、石油的受热裂解及煤炭的分解作用而形成，同时，还可以从地下深处的岩浆中释放出富含甲烷的"无机成因天然气"。石油是由古代生物（包括动物与植物，尤以浮游生物为主）生成的，这一点也被大多数学者认同。随着全球范围内石油勘探难度的增加和人们对油田研究程度的加深，越来越多的现象用"石油有机成因"的理论无法或难以解释。

多年的勘探实践中，传统石油地质理论和专家学者遇到了一些难以用石油"有机成因理论"圆满解释的现象：

为什么会在一些地区找到大约 15 亿年前形成的石油？而按照传统的石油地质与生物学理论，当时的生物量似乎并不足以形成石油。为什么在一些不含生物的地层中也能找到石油？比如加拿大阿尔伯塔省的阿塔巴斯河区和美国堪萨斯的克拉富特—普鲁斯油田的所在地就没有富含生物的沉积岩层。

为什么许多大型油气田都分布在地壳的大型线状断裂带上？它们的分布显然受地球板块的边界控制，比如美国在洛杉矶的逆掩断裂带上就发现了 19 个油田。为什么一些油气田都与大山脉相邻？那里大多是板块或者地块的结合带。

为什么世界上的大型、超大型油气田大多集中分布？比如中东地区，这仅仅用"那里的海相地层可以更多地富集有机质"的观点去解释恐怕是难以令人信服的。

为什么大型油气田的分布区内，往往地热值都较高？而且大油田的地层深部大多存在着一个地幔柱，那是油藏与地下深处相通的证据。

为什么世界上许多油田的汞含量都很高？其含量高于大气中汞含量的几十到几百倍。为什么一些油气区中的氦含量也高得惊人（如我国四川南部天然气田中的氦的比例相当高,经过提纯后可以生产工业性氦)?为什么在世界许多大型铅锌矿中都发现了大量碳质沥青?而铅锌矿富集的主要原因就是地壳深部的热液上涌。

传统的石油地质理论认为,石油的生成至少需要数百万年以上的时间(图2.16),但是,最新的实验室内热模拟实验表明,石油的生成并不需要太高的温度和压力,人们对美国黄石公园内热泉的有机质研究也表明,生成石油的时间有几千年足矣!更有甚者,墨西哥湾水域漂浮的藻类经太阳暴晒数周后,竟有液态的油滴生成。

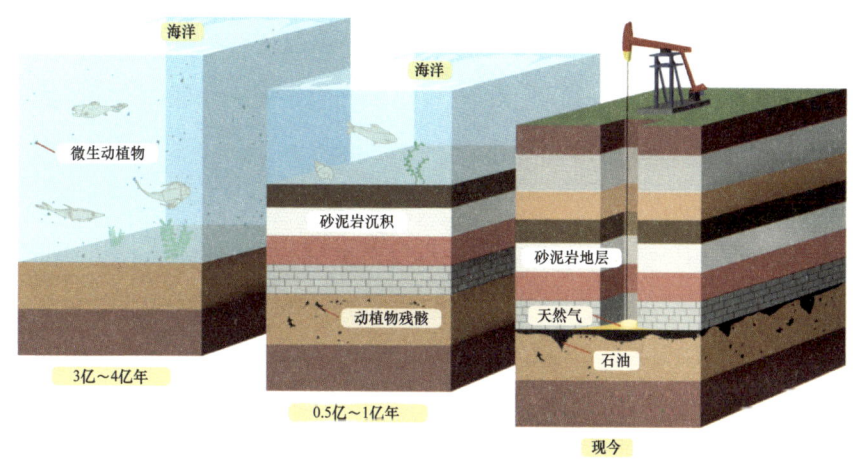

图2.16 石油有机成因的理论假设

油气成因是20世纪地质科学中争论得最为激烈的问题之一,而且是一个一直延续至今的学术问题。

持"石油无机生成"观点的中外学者也不少,以苏联石油地质学家为主,他们提出的"原理"归纳起来就是:石油来源于地幔,是地幔沿着地壳裂隙上涌过程中的衍生物。任何物体都是在特定的内力和外力作用下,处于力的动态平衡而显现的一种物质形态。在超高压和高温的条件下,地幔的原子、原子核直至基本粒子等层次上的物质都有别于地壳中的任何物质,而且其性质也与地壳中的元素有所不同。因此,地壳中不存在什么构成原油的碳氢化合物。当地壳裂开以后,那里地幔的超高压状态被打破,原来的稳定结构被破坏，使之发生热膨胀，不断地释放内能而蜕变为岩浆。沿着裂缝上涌的岩浆由于发生热膨胀而不断耗散内能，在特定的压强和温度下，重新达到内力和外力平衡，进而演化出100多种元素。石油就是地幔发生热膨胀时，在特定的环境中形成的一种新物质形态。

岩浆中不断析出的气体，不仅使裂隙中的压强和温度持续升高，而且使裂隙中形成的烃类分子的密度连续增大，它们的内聚力不断加强，导致烃类分子趋向于形成复杂的结构，即乙炔→乙烯→甲烷→乙烷→丙烷→丁烷。当裂隙中碳氢化合物气体浓度和裂隙中的压强进一步升高时，就会使低碳类烃聚合为高碳烃烷，进而发生相态变化，也就是说，气体的烃类变成了液体的烃类——石油。石油在形成的初期，因为颗粒极小，可以随着热而向上移动，它们到裂隙的上方大量聚合，就可以融合成更大的油珠。当密度大的油珠进一步融合，其重量将大于岩浆气体热膨胀时所产生的推力，于是纷纷坠落或沿着裂隙壁流到其底部，并溢出岩浆。

当裂隙中的压强、温度和碳氢化合物的气体浓度达到相当高的标准后，才会形成石油，所以，石油淹没的岩浆析出的气体刚刚脱离岩浆就会遇到很高的压强，不仅在原子的层次上形成稳定的结构，而且迅速成为碳氢化合物。于是，岩浆气体的一部分在石油上浮的过程中，就演变为油气，而且会不断地增加，渐渐地就可能形成油气藏（图2.17）。

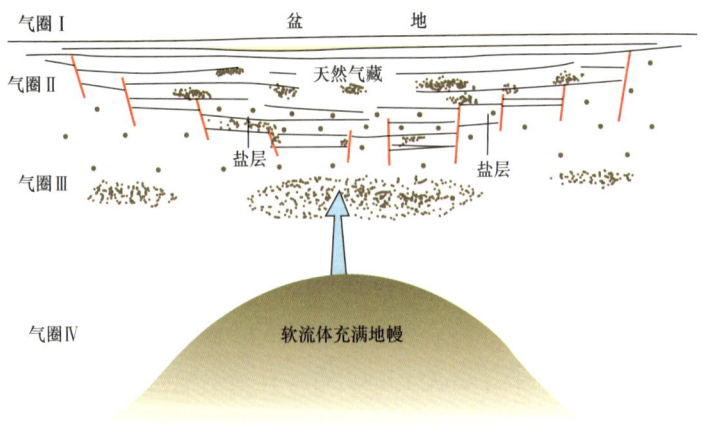

图2.17 石油无机形成的理论假设

"石油无机生成"的观点认为，无论在陆地还是海底，只要地壳深部存在形成裂隙的地质条件，那里就可能存在生油构造，生成的石油与天然气沿着裂隙运移上来以后，可以聚集成大型油气田。中东波斯湾地区成为世界石油的主要产地，是因为阿拉伯半岛向东北方向移动，挤压欧亚大陆板块的伊朗一侧。从阿曼湾至小亚细亚半岛沿线的地壳深层均由于板块的挤压运动而形成密集的裂隙，于是该地区形成了大面积的油田和天然气田。

在石油有机成因与无机成因的大辩论中，"有机成因论"始终占据优势，迄今为止，世界上所有的大型油气田都是以这一理论的指导找到的（虽然在一些具体问题上，这一理论也有无法自圆其说之处），在石油中已经发现了丰富的、来源于生物体内的有机质和生物标记化合物（甾烷、萜烷类等）。

在石油与天然气的勘探中，地质学家们首先依靠岩石层中有机质的多寡和构成有机质的类型（海洋生物、湖泊生物还是陆生生物？各占的比例是多少等）来判断一个勘探靶区是否有石油或者能否具有工业性开采价值。而且，石油地球化学家们早已用富含有机质的沉积岩经过加温、加压热模拟"制造"出了石油与天然气。

为了探讨石油与天然气可能的"无机成因"，在20世纪后期，多国科学家联于，在北欧的斯堪的纳维亚半岛钻探了一口深达上万米的超深井，但结果仅仅找到了零星的、甲烷含量并不太高的天然气，根本没有见到石油的显示。这一结果大大地鼓舞了持石油"有机成因"的学者，也使"无机成因论者"感到沮丧。

正确认识油气的来源问题，不仅仅是理论问题，更具实践意义，它将使石油勘探的部署做战略性调整。一旦工业性石油的聚集与无机成因的关系得以确定，则石油勘探的领域将会迅速扩大，全球石油的储量也会快速增长，人类就不会再遭受能源危机的困扰，进而使世界的原油产量保持稳步增长。这也是许多科学家对这一重大学术问题投入大量精力的原因。

2.10 油与铀富集之谜

在自然科学,尤其是在生物学中,"先有鸡"还是"先有蛋"——这是一个让人百思不得其解的古老谜题,也成为人类不断地去探索并讨论生命与宇宙的起源及其世界的本质的动力之一,更是一个哲学命题。科学界就将自然界中这种看似"风马牛不相及"但又相互依存的现象比喻为"鸡与蛋"的关系,吸引着一代又一代的学者们探讨。

自20世纪80年代以来,中国北方一些中生代—新生代盆地的铀矿勘查工作取得了较快的进展和重要成果,如在伊犁、吐鲁番—哈密、鄂尔多斯、二连和松辽等盆地相继发现了砂岩型铀矿床。这些产铀盆地多为油气、煤等有机矿藏丰富的沉积盆地。学者们对此现象感到困惑——究竟是石油"吸附"了铀元素,还是铀"富集"了石油?这也成为一个吸引了大量石油科技人员研究的新课题。

勘探者们最先在辽河油田和松辽盆地开鲁坳陷的某些油井中发现了铀含量异常,从而由点及面开展了铀矿勘探,发现了钱家店铀矿床。鄂尔多斯盆地大营超大型砂岩型铀矿床的发现则是以煤炭勘探的资料为基础。地质工作者们提出了包括"铀—煤兼探""铀—油兼探"在内的多种能源矿藏(产)协同勘探的找矿新思路。

世界范围内超过80%的产铀盆地兼有油气、煤产出,多种能源矿产同盆成藏已被广泛认同。在全球范围内,西起里海、东止于我国松辽盆地长达6000千米的中亚—东亚成矿带,在特定的地质背景影响下,有机—无机矿产(藏)广泛富集产出。北纬30°附近的中亚—东亚成矿带是世界上油气、煤资源的主要产出区域之一,同时也蕴含丰富的铀矿资源。在该成矿带内,能源盆地内铀的成矿类型主要为外生铀矿床,尤其是可地浸砂岩型铀矿床(图2.18)。

图2.18 铀矿标本

我国北方产铀盆地形态各异，大小不一。大型/超大型产铀盆地有鄂尔多斯、松辽等盆地，中小型产铀盆地有二连、伊犁、吐哈等盆地。此外，在塔里木、准噶尔、柴达木、海拉尔等盆地铀矿勘探前景良好。

在这些产铀/已发现铀异常信息的盆地中，鄂尔多斯盆地、准噶尔盆地及塔里木盆地都是大型/超大型含油气盆地，二连、吐哈及海拉尔等盆地也有油气产出，而伊犁盆地发现了油气显示。我国煤炭资源储量是世界之最，北方盆地蕴含丰富的煤炭资源，产煤盆地（尤其是西北的盆地）也多见铀资源产出。

油气、煤、铀因各自成矿（藏）机理不同，在平面上矿产（藏）产出的位置也有各自的特点。砂岩型铀矿多表现出近源成矿的特点。我国鄂尔多斯盆地产出的铀矿床分布在盆地周缘，二连盆地巴彦乌拉铀矿位于巴彦宝力格隆起带附近。但也有例外，著名的钱家店铀矿床产出在松辽盆地开鲁坳陷内的隆起附近。伊犁盆地南缘铀矿聚集区及邻近区域已探明十余个大—中型煤矿，但至今仍未发现具有工业价值的油气田存在，仅在一些地区查找到油气信息。

二连盆地同时发现了丰富的油、煤及铀矿资源。盆内东北部煤炭资源广泛发育，其他区域零星分布。铀矿床（点）在巴彦宝力格隆起带附近集中发育，而铀矿床在盆地长轴的中轴线附近集中产出。二连盆地巴彦乌拉铀矿床与芒来煤矿、努和廷铀矿床与吉格森油田相邻。鄂尔多斯盆地天然气主要分布在盆地的北部（上古生界）和中部（下古生界），油田主要分布在盆地南部，煤炭广泛分布，铀产出于盆地周缘。松辽盆地钱家店铀矿区及其附近类似于伊犁盆地南缘，仅发现油气信息。

砂岩型铀矿具有渐进成矿的特点，聚集成矿需要比较漫长的时间。构造事件之后，相对稳定的构造环境，由温暖潮湿向干旱转变的古气候有利于铀的缓慢富集沉淀。此时，油气运聚可能致使深部的油气藏消耗，甚至使深部的古油藏消耗殆尽或在浅部形成新的油气藏。

我国大陆具有地质构造活动频繁、盆地后期改造作用强烈的特点。含铀流体经历的成矿过程是漫长的，该过程可能伴随着多期次地质事件的发生。盆地后期差异性抬升导致的结果是多方面的，如促使早期富集的铀再次运移、聚集，形成次生铀矿床或叠加复合形成新的铀矿床，使铀矿具有成矿年龄多期次、多层含矿的特点，同时还可促使油气、深部热液作用于铀的成矿，因此，砂岩型铀矿的成矿作用更加复杂化。

中国北方多数砂岩型铀矿床的成矿与油气、煤有关，而且地质科技人员已经探明了众多的此类矿产资源。有理论认为，铀可以大量存在于生物体内，而生物体形成的有机质是形成石油的基本物质，当然自然界中复杂的化学反应也是不可缺少的重要因素，这也可以为寻找更多的铀矿和石油提供理论依据。

在松辽盆地北部，著名的产油区大庆长垣和西部斜坡区深部和浅部大量产出油气，同时发现在该区域大量油气井中存在铀异常，但仅有为数不多的井达到高铀异常，未能形成具有工业意义的铀矿体，且铀矿化砂体处于还原环境中。在内蒙古二连盆地努和廷铀矿床位于油气田的上部和边部，可能是两者的埋深差距较大，储存在深部的油气藏难以对浅部的含铀砂体提供大量的油气还原介质，铀得以富集成矿。

> **小贴士**
>
> 铀是一种极为稀有的放射性金属元素，在地壳中的平均含量仅为百万分之二，其形成可工业利用矿床的概率比其他金属元素要小得多。铀矿有土状、粉末状，也有块状、钟乳状、肾状等。有些土状的铀矿被称为铀黑，而块状的则称为沥青铀矿。土状的铀矿没有光泽，块状的则具有沥青光泽。铀矿石是具有放射性的危险矿物，除了可以提取铀用于核工业外，还可以从中提取到镭和其他稀土元素。

2.11　神奇的油盐共生

说到"盐"，人们是再也熟悉不过的了，地球上的盐以多种形式存在着，岩石层内的盐，一般是工业用盐，它们分布广，存储量大。沉积盆地中盐体积含量超过沉积体积的10%即可称为含盐盆地。地球上含油气盆地和具远景的含油气盆地有近 200 个，在 120 余个盆地内发现了工业性油气田，其中 58% 的油气田与含盐的地层有关。这些含盐盆地内的已探明石油储量和天然气储量分别为全球的 89% 和 80%。含盐盆地研究是目前世界含油气盆地研究的热点之一，与盐构造相关的油气藏将是今后极为重要的油气储量增长点（图 2.19）。

图 2.19　卤水形成的盐矿标本

一般认为形成含盐盆地，必须至少在几个地质时期有稳定构造沉降运动，这种构造沉降运动所造成的古盆地为油、盐共生提供了必要的条件。由于盐和油气形成的沉积环境具有一致性，长期稳定下沉、封闭或半封闭的古水盆有利于卤水蒸发形成盐沉积层，同时这些条件也为有机质堆积、保存提供了有利条件，只要具备适宜的古地温条件，有机质就可以转化为油气。

在蒸发盐形成之前、水体盐度升高初期，生物种类虽然较少，但单个物种的产率急剧增加，有机物质大量生成。高盐度水体容易形成还原环境，有机质堆积以后易于保存下来，形成厚度较大的优质烃源岩。在蒸发岩形成初期，由于水体盐度增加或不同盐度水体的混合，底部水体近于停滞，因此形成湖底还原环境，易于有机质的保存。与其他类型的烃源岩相比，含盐的沉积层内有机碳含量比较可观，可作为生油岩。含盐盆地发育的前期多为裂陷和大型坳陷盆地，具备广泛发育生油岩的沉积条件，因此，其烃源岩多数较丰富，为油气成藏提供了充足的物质基础。

盐岩还可以成为良好的油气盖层。盐丘之下的地层较之周围来说，其承受的压力明显减小，因而使盐下地层压实程度减弱，成岩作用降低，砂岩中孔隙度保持较高。我国塔里木盆地发现的古近系—新近系膏盐层以下的砂岩油气储层就具有较大的孔隙度。

盐层十分致密，封闭性好，而且盐膏层埋藏达到一定深度，就会脱出近一半体积的结晶水而转化成硬石膏，这些水进入相邻的地层孔隙中，造成相邻地层的压力异常，并形成油气的超压封闭层。如滨里海盆地盐下大型油气田具有异常高压特征说明深部储层的含油性往往与异常高压带的存在有密切关系，而异常高压的形成与盆地内区域性厚盐层的封闭作用有直接关系。盐下的超高压也可以产生超压裂缝，使得储层孔隙度大大增高。如我国渤海湾盆地膏盐区发育异常高压，渤南洼陷异常压力与膏盐层的分布关系明显。

对全球大型油气田（藏）盖层岩性的统计表明，常规油气资源的直接盖层主要有泥页岩和盐（膏）岩两种类型。虽然泥页岩盖层分布最广，比例最大（占80%以上），但泥页岩所封盖的石油储量仅占全球石油储量的22%；而分布面积较小的盐（膏）盖层，却封盖了全球总油气储量的55%。

盐体的活动性强，可以促进油气的二次运移成藏。含盐盆地的输导体系具有特殊性，除常见的断裂、储层、不整合等运移通道外，根据实验模拟结果，盐运动本身可形成新的特殊输导体系。

许多含盐盆地中都形成了大型或特大型油气田，如美国墨西哥湾70%以上的油气都产于盐构造相关圈闭中，我国的渤海湾、塔里木、四川、江汉等盆地也都发现了与盐构造相关的含油气构造。

根据全球范围内的油气发现，含盐盆地油气分布特征鲜明：盐下多发育生油岩，易形成巨型油气藏，且以岩性地层油气藏为主，如滨里海盆地，盐下发现卡拉恰甘纳克、田吉兹、卡沙甘、肯基亚克、阿斯特拉罕等巨型盐下礁体油田，盐下油藏数量只占10%，但储量占90%。

2.12 能源奇葩——煤与油页岩的共生

煤与油页岩都是非常重要的能源矿产资源，煤的聚积、油页岩的形成都需要各自特有的盆地背景、形成地质条件等。自然界中并不是所有的含油页岩盆地都有煤的聚积，也并非所有含煤盆地都有油页岩的发育，这两种能源的共生，堪称石油地质现象中的奇葩，因为两者的勘探方法是迥然不同的。

含煤地层中含有油页岩已被诸多盆地证实，并由很多地质学家研究过，一般是将油页岩作为煤的共生矿产，如中国抚顺盆地、桦甸盆地、松辽盆地及国外的一些盆地。煤与油页岩是沉积环境差异较大的条件下形成的能源矿产。

含煤地层内的油页岩作为一种新型能源，是油气资源的有效补充，煤与油页岩共生是特殊能源盆地重要的成矿特点。

煤的聚积、油页岩的成矿，两者发生共生关系时，必然有其特殊的背景条件和控制机理，包括煤、油页岩的外部发育条件、物质特点、古气候条件，以及构造条件等（图 2.20）。

图 2.20　泥炭沼泽地

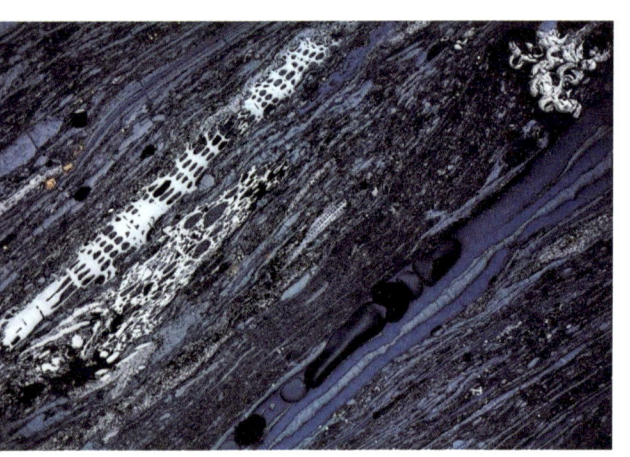

图 2.21　泥炭中的植物组织在显微镜下清晰可见

煤的形成过程很复杂，对于原地堆积及成煤作用演化背景稳定的煤层来说，煤多形成于水陆过渡环境的泥炭沼泽，通常以陆源高等植物作为主要成煤物质（图 2.21）。而油页岩形成于有一定深度的水体环境中，成岩物质既有水下植物和低等浮游生物，又有高等陆源植物碎屑，但主要是由静水环境中低等浮游生物的保存、聚集与演化而成。煤、油页岩共生序列的形成是盆地沉积环境、物质供应、气候及生物不断变化的结果。

优质油页岩通常形成于有机质供应充分、环境相对稳定的半深湖—深湖区。随着沉积物不断充填，湖泊逐渐萎缩，在盆地某个快速抬升时期，水体快速变浅，原来的半深湖、浅湖环境快速转为湖沼环境，发育泥炭沼泽，进而形成煤层，加之盆地发育晚期阶段的构造相对稳定，形成的煤层厚度一般较大，如内蒙古金宝屯矿区，山东黄县盆地、黑龙江依兰盆地、陕西彬县地区、甘肃民和盆地等都有这些煤、油页岩共生的奇特组合。

煤与油页岩共生组合一般出现在温暖湿润的气候带，且生物较繁盛的时期；早期高水位体系域也可以发育一定强度的煤与油页岩共生组合，该时期形成的油页岩一般品质较好；在低水位体系域，一般不利于煤与油页岩共生组合的发育，或仅能发生强度和规模不大的共生组合。如果盆地发育过程中有周期性的海侵事件，容易促成湖水较稳定的盐度分层和古生物生产力勃发，利于油页岩的发育。

有学者提出中国松辽盆地油页岩、黄县盆地油页岩的形成与海侵事件有关。对于陆相断陷盆地，气候和构造运动对盆地煤与油页岩的形成、聚积、赋存和分布起着重要控制作用，很大程度上决定了矿产形成和分布规律。如果一个盆地在植物类型、气候条件、水域体制、构造背景等方面具有较好的协同性，煤与油页岩共生的概率就大大增加，可以发育不同类型的煤与油页岩组合。

　　煤与油页岩的发育都要求相对稳定的大地构造环境，温暖湿润的气候，较少的陆源碎屑物质供应和一定的水深和较丰富的古生物供应；不同的是，煤的发育需要的水深度较浅，且水深变化幅度较小，一般为浅覆水的沼泽环境（并非水域）；而油页岩发育的水体相对较深（为水域），且水深变化幅度较大，油页岩可以在水体不太深的沼泽环境发育，也可以在水体较深的浅湖、半深湖、深湖环境发育，只是在不同的环境下发育的油页岩的厚度、品质等有些差异。煤与油页岩发育的环境在一定的地质条件下，二者可以发生转化。

　　中国大陆在地球历史上广泛发育海陆交互相的区域，由于陆源与海源的生烃母质的交替供给，加上适当的条件，就很可能找到这种煤、油交替存在的能源。

> **小贴士**
>
> 油页岩，又称油母页岩，是一种高灰分的含可燃有机质的沉积岩。它和煤的主要区别是灰分超过 40%，与碳质页岩的主要区别是含油率大于 3.5%。油页岩属于非常规油气资源，以资源丰富和开发利用的可行性而被列为 21 世纪非常重要的接替能源。它与石油、天然气、煤一样都是不可再生的化石能源。

2.13 "低熟油"——一个被重新认识的领域

　　在长期的勘探实践中，人们发现并找到适合石油生成的温度与压力的地层深处的"生烃门限"位置，一旦越过这个"门限"，就可以生成石油和天然气，也就是研究有机质"生油窗"在地层深处的部位，并据此找到了许多的大型油气田。但同时，许多国家和地区又找到了一些用传统的石油地质理论难以解释的浅成浅埋油藏，引起了石油地质界的广泛关注，并产生了一个新名词"低熟油"。

低熟油的概念最早出现于20世纪60年代后期，在国外文献中常称为"Immature Oils"，与常规的石油一样，它的形成也经历了有机质脱氧官能团与加氢作用。只是形成低熟油的有机质生烃活化能不高，与干酪根晚期热降解作用的生油高峰相比，是低温、低成熟条件下形成的液态烃。

这种经由不同生烃机制的低温生物化学或低温化学反应生成并释放的"低熟阶段"的烃类可以是天然气、凝析油、轻质油、原油、重油和高凝油等。

在20世纪70年代初期，法国石油地质学家蒂索（B. P. Tissot）等建立了"干酪根晚期降解生烃模式"，目前人们所称的"低熟油"大多是指在生物甲烷气生成高峰之后，干酪根晚期热降解生油高峰之前所生成的烃类物质（图2.22）。

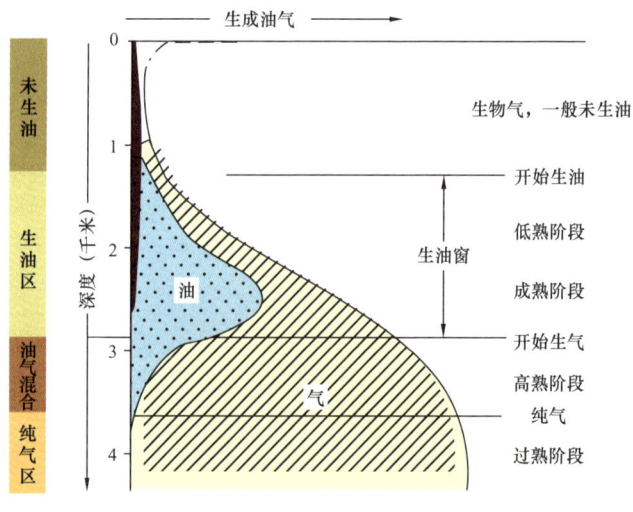

图 2.22　有机质向油气的转化

低熟油本身的地球化学性质与常规的石油并无大的差异，但生成它的烃源岩所经历的温度与压力比常规石油的要低得多。就像把一块肥肉放入锅内，稍微加点温度，就会有油脂溢出，等到锅内的温度达到相当的高度时，才会有大量的油脂产生，先溢出的油就是石油地质学者们眼中的"低熟油"。

世界上迄今所发现的低熟油主要分布在亚洲，其次为北美洲和大洋洲。所产出低熟油的层位不深（1000~2500米），烃源岩多为古近系—新近系。

不论是现场分析还是实验室研究都证实，可溶有机质与不溶有机质（干酪根）对于低熟油气的生成都有贡献，尤以前者较多，两者大约为3∶1的关系。

那么，所谓的"低熟油"究竟是什么物质形成的呢？目前有下列几种推测：

一是由类似于现代"松香"一类的物质经过沉积作用的改造变成"树脂体"形成的，该推测没有得到模拟实验的支持；

二是由藻类生物类脂物早期生成的烃类物质；

三是地层内埋藏较浅的部位，细菌的作用使沉积有机质加氢、脱羧形成了烃物质，并最终形成了"低熟"的石油；

四是当沉积有机质经过地层温度与压力作用之后，先形成了干酪根，然后发生早期降解，最后生成烃类物质。

人们还证实了沉积有机质中的树脂体、木栓质体（基本由"木质"形成）、高硫有机质等组分的生烃活化能较低，因此在低温条件下相对容易成烃，形成低熟油。

目前，世界上发现的低熟油气区有：加拿大西北部的马更些河三角洲—波弗特海区，泰国北部彭世洛盆地诗丽吉油气区，美国加利福尼亚沿岸，俄罗斯东库页岛和西堪察加半岛油气区，澳大利亚吉普斯兰盆地等。

我国也发现了越来越多的低熟油气区。主要分布在渤海湾盆地辽河坳陷、黄骅坳陷、苏北盆地、柴达木盆地及云南的景谷盆地等20多个沉积盆地。

低熟石油的研究大大开拓了人类对油气勘探领域的新认识，引起了越来越多石油地质家的关注。

> **小贴士**
>
> 重油是原油提取汽油、柴油后的剩余重质油，其特点是相对分子质量大、黏度高，相对密度一般在 0.82～0.95。其成分主要是碳氢化合物，另外含有部分的硫黄及微量的无机化合物。
>
> 高凝油：通常把凝固点高于 35℃，且含蜡量大于 30% 的原油叫作高凝油。位于辽宁省盘锦市的辽河油田是我国最大的高凝油田，其原油的最高凝固点达 67℃。

2.14 什么是"陆相生油理论"？

人类发现并利用天然气和石油的历史可以追溯到几千年前，但是应用近代科学技术手段勘探开发石油、天然气只是近 100 多年的事情。经过不懈的理论探讨和勘探实践，人们逐步确立和完善了系统的油气生成、聚集和油气藏形成、分布的理论：石油的生成和油气藏的形成都是在特定大地构造单元内的海相环境中进行的。

早在 1863 年，加拿大著名石油地质学家 T. S. 亨特就阐明了石油的原始物质是低等海洋生物；苏联"地球化学之父"B. A. 别纳科依在其名著《地球化学概论》中指出，石油是海洋生物生成的；1943 年美国地质学家 W. E. 普赖特再次强调，"石油是未变质的近海成因的海相岩层中的组成部分。"

中国是世界上发现石油及天然气最早的国家之一，但自 1878 年近代石油勘探技术在世界出现以后，近半个多世纪，中国的石油工业几乎没有什么发展，其中一个重要原因是"中国陆相贫油"的观念束缚了人们的思想。

1913 年，美国美孚石油公司组织了一个调查团到中国的山东、河南、陕西、甘肃、河北、东北和内蒙古部分地区进行石油勘探调查，没有什么收获。1922 年，美国斯坦福大学地质学教授勃拉克韦尔德在一篇题为《中国和西伯利亚的石油资源》的论文中强调，中国没有新生代海相沉积，所以，不可能发现大型油田，似乎为"中国陆相贫油"又增加了论据。

中国是个中生代—新生代陆相沉积盆地极为发育的国家，并往往伴有强烈的断块作用和岩浆活动。因此,"陆相贫油、中国贫油",代表了 20 世纪 50 年代前相当一部分国外学者对中国的油气形成与分布的看法,甚至在 1950 年美国出版的《石油的实际资料和统计数字》中,仍然把中国同日本、澳大利亚和土耳其等国一起列入含油远景最差的国家之一。

1941 年,《中国陕北和四川的白垩系石油的非海相成因问题》这篇划时代论文首次在美国石油地质学家协会会议上宣读。"中国陆相生油",这一崭新的命题出自当时正在美国堪萨斯大学攻读博士学位的一位中国青年——潘钟祥。1931 年,潘钟祥从北京大学毕业后,先后四次到陕北进行石油地质调查,并在四川等地进行了多次实地考察。他指出:陕北的石油产自陆相三叠系及侏罗系,四川产天然气的自流井组无疑也是陆相地层。赴美求学后,他在浩瀚的文献中也发现了诸如美国科罗拉多州西北部泡德瓦什油田的原油产于陆相古近系—新近系的例证。20 世纪 40 年代中期,中国地质工作者在玉门油田所开展的古生物研究工作,又为证实陆相地层生油提供了新的佐证。

> **小贴士**
>
> 潘钟祥,中国石油地质学家,字瑞生,1906 年 8 月 12 日生于河南汲县,1983 年 10 月 25 日逝于北京。1931 年毕业于北京大学地质学系,1943 年、1946 年先后获堪萨斯大学硕士学位和明尼苏达大学博士学位。回国后曾任中山大学教授、地质系主任,两广地质调查所所长,北京大学教授,北京地质学院教授、石油地质系主任,武汉地质学院教授等职。潘钟祥是中国石油地质学开创者之一,中国石油学会的创始人之一,中国陆相生油理论的提出者。1941 年在美国《石油地质学家协会志》(AAPG)发表《中国陕北和四川的白垩系石油的非海相成因问题》论文。

中国老一辈地质学家以扎实的地质理论基础结合多年石油勘探经验,提出了自己的看法。李四光早在 1928 年就指出:"美孚的失败,并不能证明中国没有石油可办。"从 20 世纪 20—30 年代开始,以谢家荣、潘钟祥、黄汲清、孙健初等为代表的地质学家先后到陕北高原、河西走廊、四川盆地及天山南北进行油气地质调查,分别于 1937 年和 1939 年在陆相盆地中找到了新疆独山子油田和甘肃玉门老君庙油田。1936 年,孙健初三出嘉峪关,对玉门老君庙和石油沟进行了地质和石油资源的详细勘察（图2.23）。1938年冬，他与严爽、靳锡庚等一行9人骑着骆驼，顶沙冒雪到达玉门老君庙，次年陆续钻浅井6口，发现了老君庙油田。老一辈石油地质学家正是以坚持实践第一的工作作风，以及对大自然奥秘不断求索的精神，拉开了中国陆相生油理论诞生的序幕。

图2.23　孙健初在老君庙石油河畔（绘制：陆其清）
左起：孙健初、严爽、靳锡庚

至20世纪50年代末，国际地质学界还在分析世界各地发现的陆相地层产出的原油，尽管存在不同的来源与成因解释，但已孕育着陆相生油理论，它作为石油地质学的一个重要组成部分，冲击着唯海相成油理论的绝对主导地位。这一时期一些中外学者虽承认陆相石油生成和聚集的存在，却还不能证明具有较大规模的有机质堆集、转化、运移，并形成较大型油气田的事实（图2.24）。

从1955年开始，中国的石油人在新疆准噶尔盆地找到了克拉玛依油田，并陆续在酒泉、柴达木、塔里木、四川、鄂尔多斯等盆地找到了油气田，这一切充分展示了陆相地层的含油气远景。

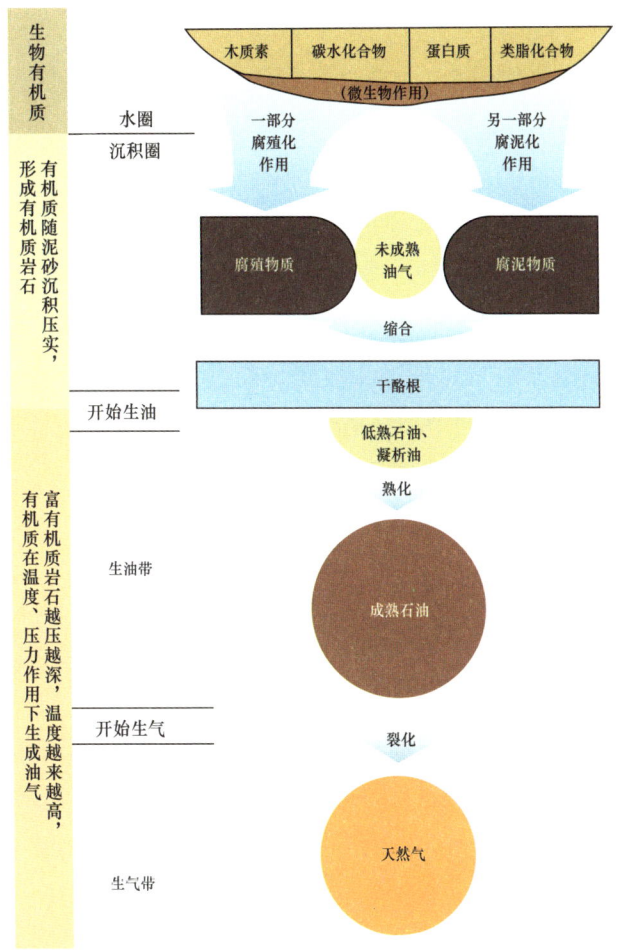

图 2.24　中国陆相烃源岩有机质成烃演化模式图

紧接着，石油勘探重点战略东移。至 20 世纪 50 年代末，松辽盆地发现了特大型油田——大庆油田，原油产自白垩系陆相储层，油源岩也由陆相湖泊沉积物形成，厚度达 1000 米以上，油田规模约 1000 平方千米，年产量达 5000 万吨。这一重大突破不仅是勘探实践上的重大进展，更重要的是对石油地质学的极大丰富和完善。大庆油田的发现雄辩地证明了陆相油气藏的形成不仅是可能的，而且可以存在很大规模的油气聚集，形成大中型乃至特大型油田。这不仅甩掉了"中国贫油"的帽子，而且表明了依靠对陆相地层的研究可以发展中国的石油工业。

从 20 世纪 60 年代以后，中国相继开发了渤海湾（包括大港与辽河油田）、江汉、南襄、苏北、北部湾、二连等油气盆地和地区，它们都是在陆相含油气盆地中形成的油气藏。尽管陆相盆地的石油地质条件相对海相盆地要复杂得多，但油气储量是丰富的。在渤海湾盆地发现的一系列陆相油田，具有大中型规模，有的单井日产量可达千吨以上。陆相石油地质研究在短时期内从勘探实践到确立理论取得如此明显而巨大的进展，的确使世界石油地质界的一部分科学家难以理解和接受。直到 1966 年，仍有一些国外著名地质学家发表文章，认为中国人在渤海湾地区取得的巨大成就和"陆相生油论"是"不可能的，是耸人听闻的说法"。

进入 20 世纪 70 年代以后，中国先后在湖北江汉盆地、陕甘宁地区及苏北和豫西南等地区发现了一批油气田。1975 年末，河北任丘的古潜山油田的发现开拓了石油勘探的新领域。陆相石油地质理论也经历了从背斜油田、断块油田到复式油气聚集带等不同的认识论发展阶段。

随着中国等国的石油地质专家对一些陆相盆地的深入了解和研究，陆相成油理论已被越来越多的石油地质学家、地球化学家所接受。美国、澳大利亚和德国的一些著名学者也发表了不少关于陆相生油的论述。当然，不容置疑的是中国石油地质学家、地球化学家对陆相生油及油气藏形成理论作出了极其卓越的贡献。

陆相石油地质理论是石油地质学的重要组成部分，它的不断发展和完善，将提高石油地质学的整体水平。陆相石油地质理论将不断吸收海相石油地质的理论，以促进世界石油与天然气勘探的发展。

"陆相生油理论"是我国石油工业发展的理论依据。创立和发展"陆相生油理论"是我国石油地质工作者的职责。了解它的由来，展望它的发展，对于我国石油工业的持续发展是有指导意义的。

2.15 煤也能生成石油与天然气吗?

在多年的石油勘探工作中,一个奇特的现象始终困扰着油气地质工作者:石油与煤似乎是"相克"的——在产煤的盆地中找不到石油,而产出石油的盆地中也见不到煤炭的踪迹。

在新疆吐鲁番—哈密一带的盆地内有许多煤层产出,中间夹有富含有机质的泥岩层,地质学上把这类地层称为"煤系"。近年来,在这些盆地中发现了由煤系形成的油田和气田,在塔里木盆地北缘的库车地区也发现了煤系形成的大气田,这些发现说明煤系不仅能生成石油更能生成天然气。

为什么煤系也能生成天然气呢?生成天然气的因素就在于地层中发育有以陆源高等植物为主要生源的烃源岩,其有机质母岩多为腐殖性干酪根类型,煤系即属此典型;同时,有机质成熟度及热演化程度需要达到高成熟阶段以上(图2.25)。

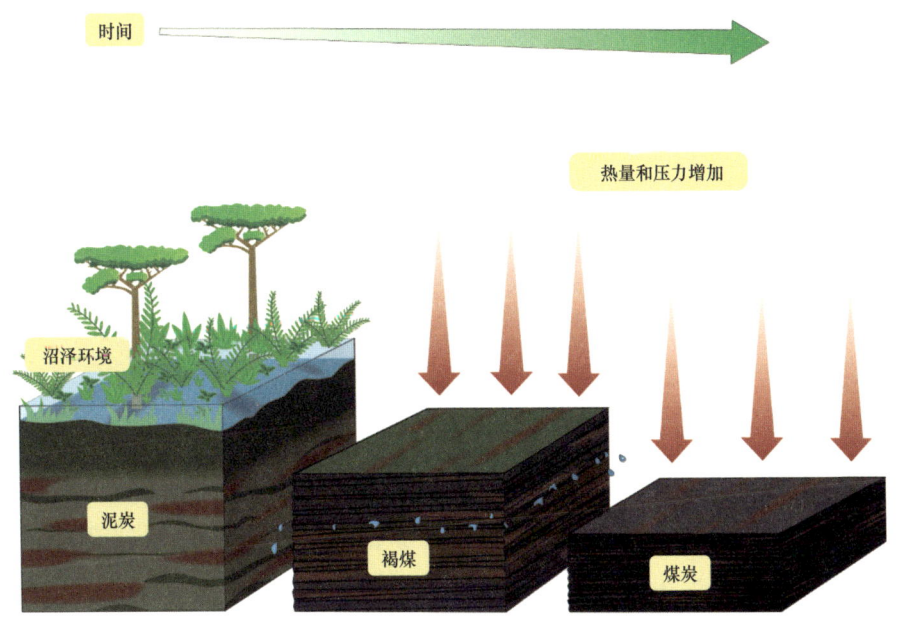

图 2.25 煤炭的形成与演化

煤系所形成的古沉积环境（古水深、沉积有机相等），所处的受热过程和阶段（即其埋藏史和热演化史），以及那些有利于生成石油的显微组分的富集等因素，都对煤系石油的生成有决定性的影响。

古环境因素是指煤系在沉积时所处的地理环境、陆源植物生长的水体深度，以及所处的沉积相带等。煤系主要发育在沼泽地区，水体深度不大，一般呈现氧化环境。而处在湖泊—沼泽相区，水进时沼泽反映各类植物生存水体深度较大，近于湖泊，则为弱氧化—弱还原环境，这种环境有利于煤系的有机显微组分中发育有一定数量利于成油的组分。湖泊—沼泽相是一种较好的有利成煤和成油的古地理环境，而芦苇沼泽有机相是最有利的煤成油的环境相带。新疆吐哈煤成油田的成烃环境就是属于这种有利的沉积有机相区。

我国之所以有丰富的煤炭资源，是因为在1.5亿年以前的侏罗纪时期，中国大陆的气候温暖潮湿，陆生植物生长十分繁茂，河流、沼泽湿地大面积发育，后来又未历经大规模的沉降深埋，是很有利的成煤环境。正是侏罗纪的这种成煤时代和环境影响决定了我国目前煤成油田分布的格局。

从煤的有机显微组分来说，主要是富含镜质体和脂质体组分，还含有少量壳质体和丝质体组分。煤岩中一般比较缺少的组分是富含氢的腐泥质体和壳质体。这类组分的发育和富集程度如前所述首先与煤系的古地理环境相关。三角洲相煤系处在较深水的湖泊—沼泽区的弱还原环境下，才有利于富含有孢子花粉、藻类的腐泥质体和壳质体有一定程度的发育，同时也有利于富氢组分的发育。据资料表明：煤系中腐泥组分的含量至少要大于15%时，才可能形成煤成油。不难看出这种煤系地层成油的条件比较苛刻，需特定的地质、地球化学环境，不是所有煤系都能生成石油。

煤系在埋藏过程中不宜于经历过高的温度，即有机质的热演化程度要达到适宜的成熟度。在经历过高成熟—过成熟热演化阶段以后，才有利于煤成天然气的形成，是寻找煤成天然气的勘探目标。

我国的石油地质科技人员在新疆吐鲁番盆地和塔里木盆地，以及东部的盆地都找到了十分丰富的煤成气资源，为"西气东输"奠定了坚实的基础。

2.16 深部天然气的重要来源——泥火山

泥火山（Mud Volcano），顾名思义是由泥构成的火山。说是泥，是因为它的的确确是由黏土、岩屑、盐粉等泥土构成；说是火山，却又不是通常意义上的火山，通常所说的火山最基本的特征是由岩浆形成的，并具有岩浆通道，而泥火山则是由泥浆形成的，不具有岩浆通道。这种火山是泥浆与气体同时喷出地面后堆积而成。其外形多为锥状小丘或者是盆穴状，丘的尖端部常有凹陷，并由此间断地喷出泥浆与气体（图2.26）。

有时泥火山喷出口沿地表的断层或裂隙成串珠状分布，有的成深沟，有的似深井。翻滚的泥浆不断地从喷出口向周围溢出，久而久之就干涸成泥丘，高度一般不超过10米。

图 2.26　典型的泥火山

2002年，新疆乌苏白杨沟的泥火山喷发。活动喷发的泥火山呈现为一眼眼泥泉、一口口泥潭，它们多呈圆形，个体不大，直径从几厘米到1~2米，星散分布在方圆约半平方千米的山坡和谷地里。泉潭中的泥浆表面不时地咕嘟咕嘟冒泡，犹如大地在沸腾。泥浆散发出带有臭鸡蛋味的沼气、硫化氢等气体，有的可以点燃。可是人们没有想到那滚滚翻腾的泥浆温度却很低，以至把手放进去会感到冰凉，因而也有人把泥火山称为"凉火山"。那些干涸的泥火山往往形成各种形态的地貌景观。除了正在喷发的泥火山，其周围还有许多已经停止喷发的泥火山，它们呈尖顶状、垄状、漏斗状……千沟万壑，层层叠叠，红、黄、橙、赭、绿，色彩斑斓，表明在此之前已经有过很大规模的泥火山活动（图2.27）。

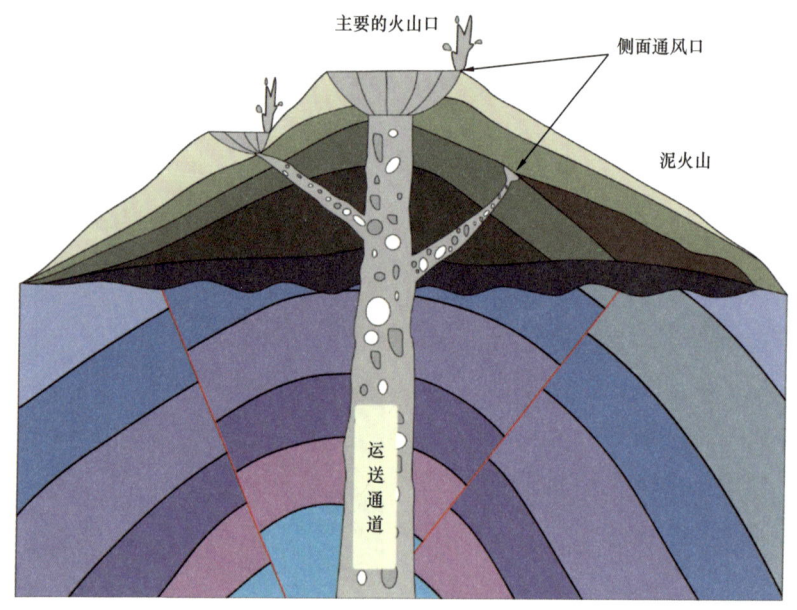

图 2.27　泥火山喷发示意图

在中国，除了新疆，目前仅在台湾省的高雄和恒春一带发现有活动的泥火山，那里的泥火山不仅有典型的地貌形态，还有喷火的自然景观。

世界上其他地方的泥火山也有发育，比较著名的有伊朗的马克兰，罗马尼亚的布扎，最大的泥火山分布在阿塞拜疆的巴库，美国的黄石公园更是以泥火山闻名天下。

泥火山气（Mud Volcano Gas）是伴随泥火山喷发的气体。地下聚集的高压气体有烃类气体、氮气、二氧化碳、水蒸气等及其他混合物，沿断层或裂缝，随着水、黏土、沙粒和岩石块一起，在压力作用下喷出地表。在喷出时，常有烃类的燃烧，并出现火光，然后形成锥形堆积体。由于形成泥火山的高压气体常是可燃性天然气，有时还伴有石油，故可作为直接油气显示；

也可以是非可燃性气体，如二氧化碳等。

泥火山在喷溢过程中，伴随水、泥浆、岩石碎块一起喷溢出的大量气体，其成分与油田气相似，一般含甲烷74%～98%，乙烷0～5.17%，丙烷0～2%，丁烷0～1%，更重的碳氢化合物0～16%，二氧化碳5%～11%，不燃烧的残余气体0～20%。泥火山气的流量有时很大，有的一昼夜流量可达数万立方米。

令石油科技工作者们感兴趣的是，泥火山是地壳深处产生天然气的一个重要源泉，海底天然气水合物大多与通过切穿沉积盖层的断裂、节理上升烃类流体相关，这些高渗透带主要是泥火山和泥底辟等渗漏构造。泥火山是顶部带有漏斗状火山口并具有通向深部的管孔，可涌出混有泥质黏土质沉积物的水、气的圆锥形山丘，它的形成与天然气渗漏相关。泥火山喷出的天然气是地层内部圈闭的气体由于压力释放上冲的结果。沉积物的上覆压力和甲烷的产生相互结合促进了泥火山的发育或有助于附近泥底辟的演化。

中国广州海洋地质调查局在南海北部陆坡开展地质与地球物理调查，发现了似海底反射波所反映出来的甲烷高含量异常、氯离子和硫酸根浓度异常等重要的地球物理与地球化学证据，表明南海北部陆坡具有良好的水合物成矿远景。人们还在台西南海域发现了海底泥火山及活跃天然气气体溢出，而对喷发的气体及水样进行初步化学分析，结果表明其90%以上为甲烷气体。

泥火山，是地壳深部天然气产生并上溢的重要源泉，也是类似于地表"气苗"的重要石油地质现象。

2.17 地壳深处有石油和天然气吗？

深层油气主要指埋深在4500米以深的油气资源，人们所找到的油气资源大多富集在地表以下 1500~3000 米的岩层内，在地壳深处有石油和天然气资源吗？

地球上每年都有大量的火山喷发，会带出大量的气体。东非大裂谷中的基伍湖位于目前仍有活动的大裂谷带，此裂谷带延伸到了红海，湖底的水中含有大量的甲烷。1984 年，勘探家发现从红海底喷出的热卤水中也含有大量的甲烷。

在欧洲大陆的伏尔加—乌拉尔含油区的鞑靼隆起处钻的两口井，穿过基底以下 2000~3000 米，在前寒武纪花岗岩和变质岩中，发现轻质油、沥青和烃气；在科拉半岛上钻的 11.6 千米超深井，在基底结晶岩中发现沥青包裹体和含有高浓度烃、氮气和氦气的盐水流；在我国塔里木盆地井深达 6000 米以上的沙参 2 井奥陶系白云岩的高产油气流中氦气含量很高；麦盖提斜坡的麦 3 井石炭系高产油气流中含丰富的氦气。这些均证明深部含有丰富的天然气。

图 2.28　探索地球深部的"窗口"——东非大裂谷

与勘探家熟悉的中浅层相比，深层的油气生成具有明显的不同。在中浅层，勘探对象主要是石油，天然气为辅；而到了深层，则主要勘探对象是天然气和凝析油。这些转变，与深部的地温和压力增加有着密切的关系（图 2.28）。

深层天然气藏分布广泛，在地下 4~8 千米深处，不论有机质自身的成分如何，都能生成大量的天然气和少量液态烃。世界上已有 70 多个国家进行了深度超过 4500 米的油气钻探，地质勘探与综合研究成果证实，深层具有工业性烃类聚集，资源量相当丰富。超过 5000 米的深井，有将近 4/5 的储层产天然气或凝析气，只有 1/5 的储层产轻质原油。俄罗斯油气产量极高的田吉兹巨型油田，埋深 3900~5400 米，储层为距今大约 3.5 亿年前形成的上泥盆统—中下石炭统碳酸盐岩，广泛发育的裂缝、淋滤孔与溶孔作用使储层具有良好的储集性能。近年来，我国不断加大陆上深层、超深层油气勘探开发力度，年钻超深井 200 口以上，不断刷新我国钻井井深纪录。

塔里木盆地是我国陆上油气增储上产潜力最大的盆地之一，埋深超过 6000 米的石油和天然气资源分别占全国的 83.27% 和 63.9%。1984 年 9 月，塔里木盆地的塔北沙雅隆起雅克拉构造上部钻探的沙参 2 井在钻至井深 5391.8 米的奥陶系白云岩时，喜获高产油气流，日初产原油 1000 立方米，天然气 200 万立方米，从而实现了中国深层古生代海相碳酸盐岩油气田的首次重大突破。从此，塔里木盆地油气勘查工作有了历史性的转折，拉开了在塔里木找大油气田的序幕。塔里木盆地勘探开发全面进入超深层，已建成我国最大超深层油气生产基地，其中超过 8000 米的深井有 150 余口（图 2.29）。当前，塔里木盆地深地探井塔科 1 井钻探正酣，该井设计井深 1.11 万米，由我国自主研制的全球首台 1.2 万米特深井自动化钻机驱动，是我国首口万米深地科探井，挑战人类深地探索的极限。

图 2.29　塔里木盆地满深 1 井获重大发现

> **小贴士**
>
> 深井、超深井、特深井：通常油气行业将井深 4500～6000 米的井定位为深井，6000～9000 米的井为超深井，超过 9000 米的井为特深井。越往深部，地下压力越大，温度越高，到达一定深度后，每向下一米，难度呈几何倍数增长。我国科研人员研发关键核心技术装备，实现了深井超深井从"打不成"到"打得快、打得准"的跨越。

2.18 地壳深部古老的油气资源来自何处？

深层油气的不断发现虽然给传统石油地质理论带来冲击，但也表明深层油气的成烃机理需要探索。要勘查深层油气资源，烃源岩是第一重要的，与大约 5.4 亿年寒武纪以来的显生宙相比，前寒武纪的隐生宙，无论是生物种类还是数量都有着明显的不同。科学家们查明了前寒武纪发生的两次地球氧气大爆发，为生物的萌发、演化和繁盛提供了必要的大气条件。

距今大约 8 亿年前的元古宙处于地球环境从低氧到富氧、从原核生物到真核生物的转化期，并存在多次的冰期—间冰期、大陆拼合、开裂的旋回变化。

21 世纪以前，学界普遍认为中元古代是"地球历史上最沉闷的时期"。有人还认为中元古代氧气含量不到现在氧气的 0.1%，并且海洋是有毒的硫化氢海洋，不适合生物生存。中国学者近些年研究发现，中元古代的海洋结构远不是原来认为的那么"沉闷"。当时的海洋是在动态变化的，已经出现了表层有氧、底层有氧、中部厌氧的最低氧化带海洋。我国学者们通过弱氧化海底环境条件，根据与现在海洋沉降速率等参数对比，计算出当时大气氧气含量已高达现在的 4%，这么高的氧气含量足以使得动物生存，真核生物更可能大量存在。

中元古代不但不是死气沉沉的生物世界，而是地球历史上菌藻类蓬勃发展的时期，以硫细菌、蓝细菌数量急剧增多和疑源类、真核宏观藻类的大量出现最为特征,是早期地球生物群落的重大转折期。这也就解释了尽管这一时期大家都认为大气和海洋不适合生物生存,生物生产力低下,但常常会发现富有机质的页岩,并可见大量球形疑源类及纤维鞘。

俄罗斯及阿曼等国已发现并对寒武纪之前形成的大型油气田进行了开采,证实了前寒武纪具有油气勘探的潜力。世界许多国家和地区,诸如西非、巴西、南美、澳大利亚等,对寒武纪之前形成的"常规"及"非常规"油气资源的勘探进展十分关注。在俄罗斯发现了硬沥青沉积,特征为高密度、黑色、无定形、不透明、未石墨化、多相结构、半金属、含玻璃类矿物(C、N、O、S、H等元素>98%含量)。硬沥青的出现说明了一系列的地质事件,如油页岩变质、破坏的古油藏,以及古石油的渗流等。原地硬沥青层状沉积意味着油页岩的变形,包括原地形成的残余干酪根、外来的有机质及最初为液态烃的沥青运移,这是最古老的油气显示。

人们在距今大约10亿年前的中元古代地层中发现了地球上已知最古老的现存石油。澳大利亚北部地区钻井发现有广泛分布的石油及烃类显示,包括渗气、石油染色、岩心荧光显示及固体沥青(主要由液体烃类的生物降解形成)。石英次生加大包裹了早期埋藏于1~3千米未转化的石油,粗粒砂岩中的二次充注(同样由生物降解作用控制)发生于更深的埋藏部分。我国也在华北中元古代发现了大量的沥青砂。尽管中元古代生物仍较为低等,但一些环境中异常丰富的有机质的保存及聚集,形成了世界上最古老的烃源岩。在俄罗斯西伯利亚和澳大利亚等地都找到了这类非常古老的油气资源。

距今大约25亿年前的元古宙晚期到5.4亿年前的寒武纪早期,我国发育了大家都熟悉的陡山沱组烃源岩,它直接覆盖在约为6.35亿年前的成冰纪南沱冰期杂砂岩上,下部陡山沱组磷灰石包含大量的疑源类、多细胞藻类及蓝藻细菌。这些极为丰富的古老生物在岩石内形成的有机碳含量可以最高达到10%,是形成石油和天然气的优质烃源岩。在印度和阿曼南部盐湖盆地等地都发现了大规模的工业油藏。

2.19　岩层中的天然榨油机

沉积后的有机质变成石油和天然气的过程，也是有机淤泥缓慢地变成岩石的过程。也就是说，石油的生成并不是发生在岩石形成之后，而是在同时进行着。这里所说的"同时"，并不是严格地指生油和成岩是同时开始，同时结束的，而是这两件事有时间上的交集。这个问题至今仍是油、气成因学说中需要探索的问题之一。但可以肯定的是，初生的石油是星星点点地分布在正在压实、固结中的岩石层里的。

能够生成石油的富含有机质的岩石层随着沉积盆地的下沉也在不断地下沉。在生油层内，油、气渐渐生成，在生油层上部，沉积物不断叠加增厚。生油层所承受的压力越来越大，组成岩石的固体颗粒也就越压越紧，存在于这些颗粒之间的水和初生油、气也就越来越待不住了，最后，终于被挤榨出生油层。上覆地层的这种作用就像一部巨大的榨油机。这部"机器"靠上覆地层的静压力把生油层中的绝大部分水和油、气榨出来。

初次生成的油、气被赶出生油层后又往哪里去呢？沉积岩大多是成层分布的。在生油层附近常常有储层存在，由于储层里面还保存着一定数量的孔隙，相邻的储层自然就成了初生油、气的最佳落脚点。在成岩过程中，那些颗粒较细小、含水较多的泥质沉积层（如生油层）可压缩性较大，而颗粒粗大、结构坚硬的砂质沉积层和砾石沉积层可压缩性却相对较小。在固结成岩以后，后者内部的孔隙仍然较多，孔隙与孔隙之间的连通性也好。由于砂粒、砾石组成的岩石骨架承受着上部地层的全部重压，所以，在储层孔隙中的水所承受的压力一般就只相当于该处的静水柱压力。初生油、气从生油层中被赶出来，就钻进了压力较低的储层孔隙中，开始它新的生活。因为生油层附近岩石所承受的静水柱压力相对较低，所以被榨出的油、气不仅能进入生油层上部的储层，也能进入生油层下部的储层（图2.30）。

油、气被上覆岩层的重压赶进储层是沿两个方向进行的。除了沿垂直于层面的方向直接进入相邻的储层外，还在压力差的作用下，沿平行于层面的

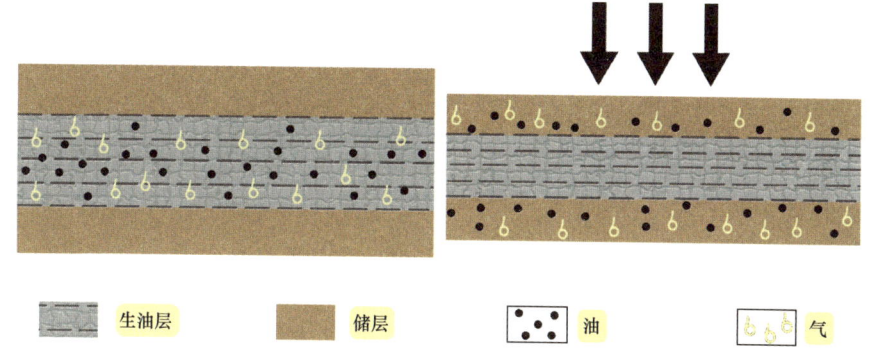

图 2.30 初生油、气被榨出生油层进入储层

方向向储层运移。因为同一层沉积物的不同部位所承受的重压不同,压缩性也不同。愈是接近沉积盆地的中心,沉降的幅度愈大,沉积物愈厚,生油层所承受的压力愈大,可压缩性也愈大;愈是接近湖、海的边缘,接近水流较强、较快的地方,则可压缩性愈小。在这些地方,生油层也常常渐变为储层了。

还有一种可能,在成岩的初期,只有一小部分有机物质变成了油、气,并被上覆地层的重压压进了储层。大部分油、气是在生油层沉降到更深的地方后才生成的。岩层在大幅度沉降中被挤压而产生褶皱和断裂。在深处生成的油、气是在上覆地层的重压下沿着这些裂缝向上运移到上部的储层中的。

随着沉积盆地的不断下降,沉积物质的不断增厚,不仅对下部的生油层起了榨油机的作用,而且由于深度的增加,温度也随之增高,对油、气的运移增加了有利条件。一方面,由于岩石和流体的膨胀系数不同,受热后,流体要比岩石颗粒膨胀剧烈得多。另一方面,温度的升高,帮助流体从岩石颗粒之间往外挤。这样,外榨内挤,初生油、气就离开了它们生成的地方——生油层。温度的增加又使流体的黏度减小,流动性增加。甚至使其部分或全部变成蒸汽或气体,更有利于流体的运移。

有人提出了一种"微裂缝"理论。认为随着上覆地层的增厚,生油层中温度的增加，使得其中的气态碳氢化合物膨胀，会在生油层中造成许多微裂缝。油、气就在静压力的作用下通过这些微裂缝排出生油层，进入储层。当油、气排出后，生油层中流体体积恢复到膨胀前的水平，生油层内部压力也随之恢复到原来水平，微裂缝也就闭合。随着生油层的继续下沉，上述过程又可再次发生。

岩石层都含水，纯水对碳氢化合物的溶解能力是很弱的，对非碳氢化合物的溶解度却较高。但当水中溶解了非碳氢化合物，并且在地层的温度、压力均较高的条件下，溶解碳氢化合物的能力就大大地增加了。这种水不但可以将岩石颗粒表面的碳氢化合物剥离下来，而且可以把有机物残骸中的碳氢化合物抽提出来。这种水和"天然榨油机"互相配合，把大量地碳氢化合物从生油层中携带入储层。

"天然榨油机"的动力除了上覆地层的压力，即静压力外，还有地壳运动产生的压力，即动压力。动压力使沉积岩进一步压实、变形，也会把其中的流体榨向压力较小的地方。此外，碳酸盐质的生油岩层在成岩过程中的矿物结晶作用也是一种榨油的动力。这种作用一方面排挤混杂在未结晶的碳酸盐中的流体，另一方面又产生了无数大大小小的裂缝，给流体的运移、储集创造了良好条件。

当然，太大的压力也可能使岩石颗粒堵塞一些孔隙，甚至使部分油、气被封堵在那些孔隙中不能排出生油层。不过这种作用是次要的，被封堵住的油气极少。

2.20　微细裂缝的奇妙作用

岩石中存在的孔隙是多种多样的，其形状和大小极不相同，它们允许流体通过的能力也各不相同。直径 0.5 毫米以上的孔隙可以让液体在重力的作用下在其中自由流动，服从于静水力学的一般规律；直径在 0.0002～0.5 毫米之间的孔隙,由于流体和孔壁分子之间的吸附力所形成的阻力,流体已不能在其中自由流动。只有当外力大于这种阻力时,流体才能在其中流动。流体要流过直径更小的孔隙就更困难了,即使借助于高温和高压,它也只能以分子的形式从中通过。在自然条件下,只有第一类孔隙对油、气运移最有利。但是,事物又都是可以转化的。第二类孔隙虽然不利于流体在重力的作用下从中通过,却有利于孔壁分子发挥它对流体分子的作用,帮助油、气从生油层进入储层。这就是毛细管孔隙的毛细作用。

毛细现象是自然界的普遍规律,在生油层和储层中也普遍存在。储层和正在形成的生油层里大量存在着毛细管孔隙。比如在 10 立方米孔隙度为 10% 的岩层中,有 80% 的孔隙是毛细管孔隙,就相当于在这 10 立方米岩层中有着 408 万到 254×10^7 万根长 1 米的毛细管。在地下水等流体的包围中,岩石颗粒的表面都包裹着一层薄薄的水膜(即束缚水),因此这些岩石颗粒亲水而不亲油,即能被水润湿却不能被油润湿。在岩石的毛细管孔隙中,液体弯曲面的凸面是指向水的。这些毛细管孔隙中,孔径愈小的把水拉进自己的力量愈大。由于生油层的孔隙普遍比储油层的孔隙小,在生油层和储油层接触的地方,毛细管力就把储油层中的水往生油层中吸,同时,把生油层中的油、气向孔隙较大的储油层中排挤。一条条孤立的毛细管能起的作用是非常微小的,但分布在巨厚且宽广的岩层中难以计数的毛细管却是一种不可忽视的力量(图 2.31)。

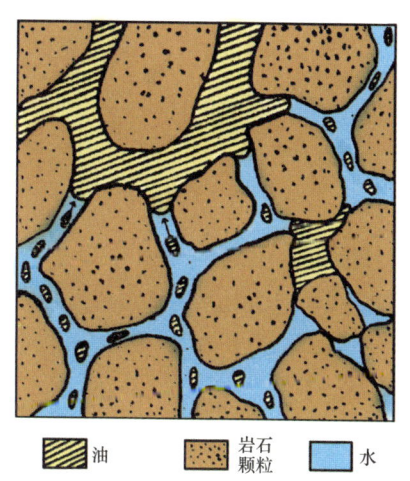

图 2.31 岩石内的毛细管作用——石油的初次运移

在地下深处进行的这种油、水替换,我们虽然看不见,但许多人已通过室内实验证明了它确实存在。使饱含石油的黏土和饱含水的砂层接触,无论黏土在砂层的上部还是下部,或者在含油黏土和含水砂层之间再加一含水的黏土隔层,经过一段时间后都发现,黏土中的石油有相当一部分进入了

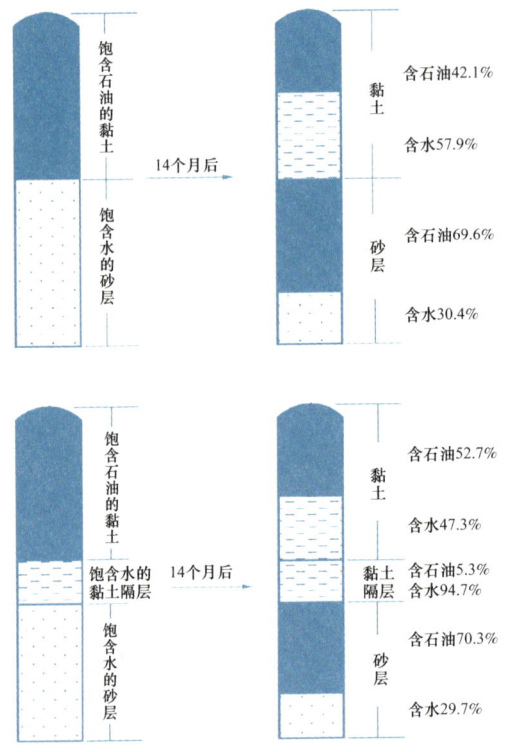

图 2.32 砂子中水置换黏土内石油的实验

砂层,砂层中相应的一部分水则进入了黏土。就是处在油、水交换途中的含水黏土隔层里,也只残留下少量的油(图 2.32)。

毛细管孔隙虽然具有这种奇妙的作用,但它推动石油运移的距离是有限的。多次实验结果表明,这种替换作用使油运移的距离不超过 60 厘米。它的主要作用就是把油送到较大的孔隙中。在油、气从生油层向储油层运移时,主要的力量仍然是压力,特别是静压力。

> **小贴士**
>
> 毛细现象:液体在毛细管中升高或降低的现象。液体表面类似张紧的橡皮膜,如果液面是弯曲的,它就有变平的趋势。因此凹液面对下面的液体施以拉力,凸液面对下面的液体施以压力。浸润液体在毛细管中的液面是凹形的,它对下面的液体施加拉力,使液体沿着管壁上升,当向上的拉力跟管内液柱所受的重力相等时,管内的液体停止上升,达到平衡。同样的分析也可以解释不浸润液体在毛细管内下降的现象。

2.21 油、气、水"分家"

由于石油和天然气在化学组成和分子结构上有着许多相似之处,它们又都是由有机质在相同的条件下变成的,有人就把石油和天然气比作"双胞胎"。它们不仅从诞生起就密切相处,在一定的条件下还能互相溶解。初次生成的石油、天然气和水的关系也很密切。早在油气还在生油母质中孕育时,就被水所包围,油气生成以后,它们仍然保持着密切的关系。有的气溶解在油中,有的气溶解在水中;有的气呈微小的气泡分散在水中,油也呈分散的小滴、薄膜混杂在水中;有时,在微小的气泡中含有油,在分散的油滴或薄膜中也溶解有气。

在压力和毛细管力的作用下,刚进入储油层的油、气和水仍然保持着在生油层中那种相互混杂的密切关系,但一遇到适当条件它们就会分开。

油、水分离:混在一起的油和水因密度不同而发生分离的现象叫重力分异。这种现象在生活中是常见的:一碗刚煮好的肉汤,由于沸腾过程中的搅拌、混合作用,全部水里都混合着分散的油珠。静置一会儿后,汤的表面就出现了一层飘浮的油膜。时间一长,汤下部就变成了几乎没有油的清水了。这就是油和水互不相溶,而且油比水轻,总向上浮,水比油重,总向下沉。这个例子说明,液体处于静止状态时最有利于重力分异;搅混得越剧烈,分异就越困难。两种互不相溶的液体发生重力分异的原因,在于一种液体对另一种液体有浮力。油滴或油块越大,它排开的水就越多,受到水的浮力就越大(图2.33、图2.34)。

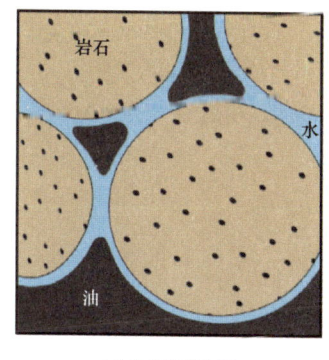 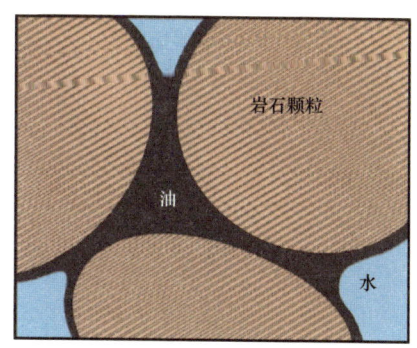

(a) 亲水孔隙介质　　　　　　(b) 亲油孔隙介质

图 2.33　岩石孔隙内的油和水分离示意图

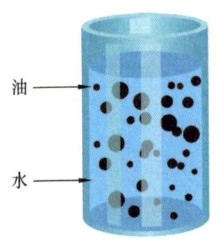 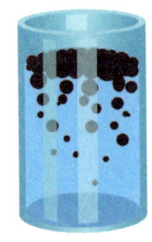 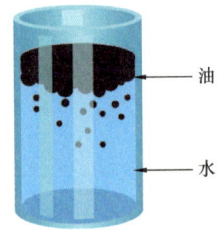

图 2.34　油水分离示意图

> **小贴士**
>
> 重力分异：又称密度分异。在油气藏的混合作用下，由于重力与浮力的驱使，油气藏内部流体按照密度差异，自上而下逐渐形成气顶、油柱和底水，在油柱内部也同样呈现出自上而下原油密度逐渐增加的分布现象。实际上，油气藏的混合作用与重力分异都是相对的，有的油气藏原油的密度分异并不明显，而且气顶、油柱和底水之间的气—油界面与油—水界面也常常分别成为一个过渡带，即气—油过渡带与油—水过渡带。

油和水从生油层进入充满水的储油层后，并不是停在原地进行重力分异的。由于岩层内压力的不平衡，油和水还要继续向压力低的地方流动。油和水的重力分异就在这个流动过程中进行。在弯弯曲曲的缝缝洞洞中流动的液体，运动速度很慢，搅拌作用很弱，并不妨碍油、水的重力分异，油、水在渗透性岩层中渗流得越远，分离得越彻底。

油气分离：油气分离和油水分离的道理一样，由于密度不同，受浮力的作用，游离存在的天然气将上浮到油的上面，溶解在油和水中的天然气则只有当它从溶剂中脱出后，才能和油、水发生重力分异。水能溶解的天然气不多。溶解着天然气的水进入储油层后，因压力降低，能将气大部分脱出。石油溶解天然气的能力比水大得多。比如溶解甲烷（CH_4，天然气的一种主要成分）的能力，石油是水的10倍。而溶解气要从油中脱出，则只有当石油的压力低于饱和压力时才行。

石油溶解天然气的能力随着压力的增大而增强，但是有一个限度。当达到这一极限后,即使压力再增加,石油也几乎无力再溶解天然气了,也就是说,石油中溶解的天然气这时已达到饱和,这个极限压力叫作饱和压力。换句话说,当石油所承受的压力高于它的饱和压力时,只要它还没有饱和,就能继续溶解天然气,而已经溶解在油中的气则不可能脱出来;当压力稍低于饱和压力,溶解在油中的气就开始脱出。压力越低于饱和压力,脱出来的溶解气也越多。

储油层中的压力比生油层低,有时甚至比饱和压力低。在这种条件的储油层中,溶解气就将从油中脱出,呈游离状态。在比较大的孔隙中,游离气和油就会发生重力分异。

原来密切相处的油、气、水进入储层之后,就这样逐渐分离。它们一面分离,一面又在压力差的作用下向压力低的地方渗流,走上了新的旅途。人们把油、气离开生油层进入储层的那一次搬迁叫作"初次运移",进入储层以后的运动则叫作"二次运移"(图 2.35)。

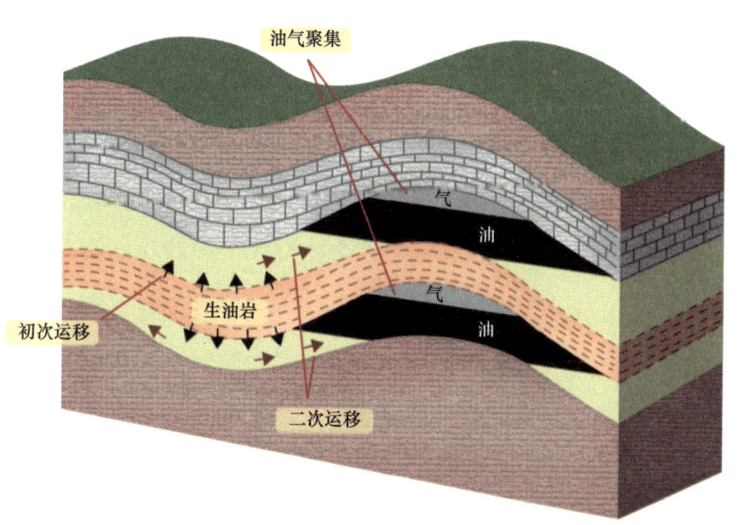

图 2.35 岩石层内石油的初次运移与二次运移

2.22 油气是怎样被运进"藏"的?

地下那一座座天然仓库虽然具备了储藏油气的条件,但库里却不一定有油、气。只有当油气被运进来后,它们才能成为油气藏。

水因为有压力差而流动,这种现象在地下也存在。被盖层和底层所夹着的一层层渗透性岩层,就像埋在地下的一根根大管子。当"管子"两端露出口的海拔高度有差别时,管中的水就要流动。如果入口处有水源源不断地补充,岩层中的水就将源源不断地流向出口。进入储层中的油、气就在这种水动力的作用下一面渗流、一面发生重力分异,进行着二次运移。

如果进入储层的油、气只是不停地随水渗流、分离,而不能聚集、保存起来,那它们终将随水流失;或者当它们随地下水进入水平地层中停顿下来时,就分散地漂浮在岩层内的水面上,不能形成有经济价值的矿藏。要形成有经济价值的矿藏,除了要有充足的油、气来源,有倾斜或弯曲的地层帮助油、气分离,有足够的压力水头推动油、气渗流外,还必须有合适的地方把分散的油、气聚集起来,保存下来。地球自己建造的地下天然仓库正是具备这种条件的好地方。

当构造运动把原来水平分布的沉积岩层弄得七翘八拱时,其中的储层也变得像弯曲的管子似的。地质工作者把那种向新地层方向凸出的褶皱叫作背斜构造。具有盖层和储层的背斜构造就是一种能够储油、气的天然仓库。

流体在流动中总是选择阻力最小的地方通过。储层中的那些背斜和向斜(与背斜相反,向下凹陷的部分)对流体的阻力较大。当携带着油、气的水流经过这些地方时,除非它具有足够大的压力水头,否则是不能直接经由背斜顶部或向斜底部流过的。一般它都从背斜和向斜的两侧相对较平的地方流过,绕过阻力较大的地方。这样,背斜和向斜中就出现了一个液流停滞带。这种液流停滞的地方正好有利于在渗流途中已经初步从水中分离、聚集的油气进一步进行重力分异。当这些油气被水流携带到这里时,除了液流缓慢,有利于它们穿过弯弯曲曲的孔隙向储层的上部浮起外,它们还遇到了倾斜的地层。上浮到储层上界面的油块或气泡所受到的浮力，除了用一部分平衡盖层对它的反作用力外，其余的部分就变成了沿着储层的上界面指向储层上倾方向的拉力。这个力克服了孔隙中的阻力，牵引着油流或气泡从四面八方沿着储层的上界面向上倾方向移动，在背斜的顶部渐渐聚集起来，这样，就完成了油、气的"二次运移"。

分散的油、气从生油层进入储层后，在浮力、水动力等的共同作用下，被运进仓库保存下来，就成了一座座天然的地下油、气库。地质工作者叫它们油气藏。库中气最轻，浮在最上面；油次之，在气的下面；水最重，充满油下面的整个渗透层。库中的聚集物以油为主时，叫作油藏；以气为主则称气藏；既有油，又有相当数量的气，则叫油气藏（图2.36）。

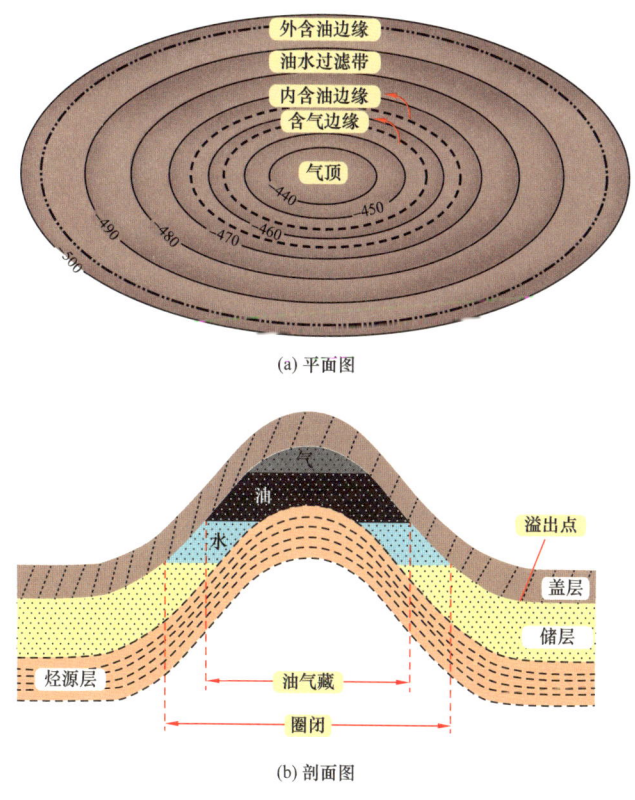

图2.36 一个"理想状态"的油气藏

在任何一个天然地下油气藏中,只要同时聚集着石油和游离态的天然气,气就一定占据那个天然"仓库"的顶部,这就叫作气顶。油下面的水在不同的情况下有不同的名称:如果储层很厚而其中含油、气部分厚度较小,或者构造比较平缓,在全部含油或含气面积下的油、气都有水从下面托住,这种水叫作底水;反之,水如果呈环状从四周将油或气托住就叫边水(图2.37)。

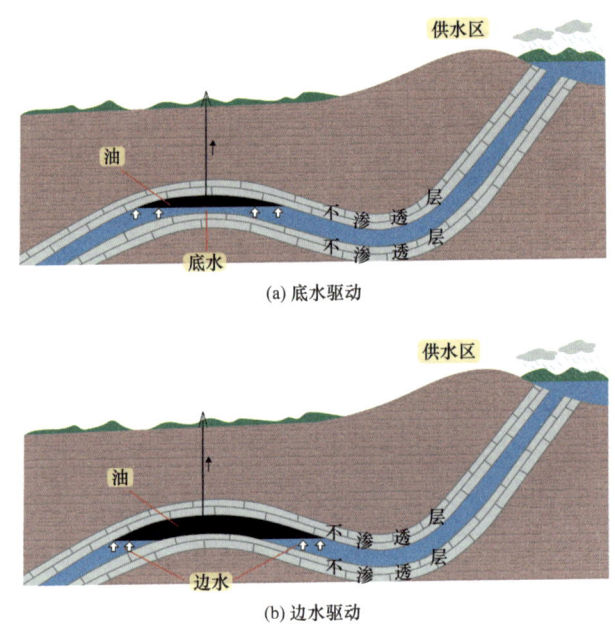

图2.37 底水与边水的成藏作用

2.23 涓涓细流成油"海"

深埋地下的油、气原来都是从古代江、河、湖、海底部的沉积物中衍生出来的。古代有机堆积物的一部分变成了今天的石油和天然气,无机堆积物则变成了今天的生油岩层、盖层、底层和储油层。自从人类利用石油和天然气以来,不知道已经消耗了多少油气,也不知道地下还有多少油气?难道有那么多生物遗体形成油气吗?岩石里的缝缝洞洞又能储存那么多的油气吗?有的油井一天就能生产成百上千吨原油,也是从那些又细又小、曲曲弯弯的缝缝洞洞里流出来的吗?

流水能搬运来数量巨大的物质,只要我们看一看全世界的沉积盆地、冲积平原,是很容易理解的。在那广阔的沉积范围内,有的地方沉积厚达10000米以上(如我国四川盆地、塔里木盆地等)。在这数量巨大的沉积物中即使只有2%的有机质,数量也是惊人的。有人计算过,如果在一片纵横100千米的浅海中沉积了100米厚的有机淤泥,淤泥的相对密度为2.2,其中的有机物质就会有440亿吨。这些有机物质中如果只有10%变成了石油和天然气,其质量也高达44亿吨。

那么,岩石的缝缝洞洞能装得下它们吗?装下了!岩石里那种几米或几十米的大溶洞虽然不多,可是也别小看了那些肉眼难以看见的缝缝洞洞(图2.38)。古话说,集腋成裘,聚沙成塔。这些微不足道的缝缝洞洞串联在一起,就具有惊人的容量。假若有一岩层厚10米,

图2.38 地下的石油就如同磨刀石上的水,渗透到岩石微小的缝缝洞洞中

孔隙的总体积只占岩层总体积的10%(即孔隙度为10%)。在1平方米这种岩层中,就有着整整1立方米的容积,可以装1吨水或将近1吨原油。这样,只要有几百平方千米这种岩层,就有着数亿立方米的容量,这样的"库"难道还小吗?难怪人们常常用"油湖""油海"之类的词来形容油田了。只是在这种"海"中既没有烟波浩渺的景象,也没有汹涌澎湃的怒涛。

从那肉眼几乎看不见的细小孔隙中开发出巨量的石油资源,就不能孤立地看待那些微不足道的孔隙。还以孔隙度为10%的岩层为例。如果它的全部

孔隙都连通并都能允许油流通过，就相当于在每一平方米这种岩层中，每十米厚就埋着一条流通截面积为 1 平方米的管道，它允许流体通过的能力还不惊人吗？再说流体在岩石里渗流的速度还和压力等因素有关。井底压力一般还不到一个大气压的民用水井，已经有相当多的水供我们取用，何况有的油井井底压力可以高达一二百个大气压了。当然，流体在多孔介质中的渗流与其在管道、河渠中的流动不完全相同。岩石的渗透率、流体的物理性质等对它的影响也很大。我们不能孤立地看待那些微细的孔隙。当每一条微不足道、弯弯曲曲的小孔隙里慢慢渗流着的石油汇集到井底后就发生了变化。压力足够大时，它们就以很快的流速喷射而出，成为强大的油流。

地下虽然有众多可供油气活动聚集的"空间"，但有些是因为根本没有通道，油气无法进去；有些又是通道条件太差，油气很少进得去；还有一些，虽然通道还可以，油也能进去，但由于致密化作用的继续发生，油出不来了，就得靠工程技术，把这部分油取出来，但由于油气进入以后，又发生了地壳运动，产生了新的裂缝，形成无数个"后门"，致使油气又跑了。在一些地区，比如我国的渤海湾油气区，虽然地下能够储存油气的空间很多，但经过钻探，却发现油气是忽多忽少，忽有忽无，它们像狐狸一样和油气勘探者捉迷藏，即使是很有经验的地质学家们，也难免受骗。

2.24　盖层、圈闭和油气藏

液态的石油和气态的天然气都是流体，它们在压差作用下会发生流动。岩石里的缝缝洞洞虽然可以供石油和天然气作安身之处，但如果不把它们封堵在里面，只要一有压力变化，这些相互连通的缝缝洞洞就只不过是油、气经过的通道而已。那么，地下的油气如何聚集起来？有没有能够储集且遮挡油气逃逸的"库"，地下的油气是否需要进入"库"中，才能储集起来、保存得住？答案是肯定的。

要想形成油气藏，除了具有能够生成油气的烃源岩和能够保存它们的储集岩之外，还有一个重要的因素，那就是必须有盖层岩石的存在。也就是储层之上能够形成封挡，使存储其中的油气免于向上逸散的一个保护层/遮挡层（图2.39）。

盖层是与储层紧邻的、致密的低渗透层，可保护储层中的油气不向上逸散。盖层的好坏与油气在地壳中的聚集和保存关系密切，盖层是形成油气藏不可缺少的条件（图2.40）。

常见的盖层有泥岩、页岩、蒸发岩（膏盐、盐岩）和致密石灰岩，其中以蒸发岩质量最好。在同样的环境条件下，盖层的性质主要与

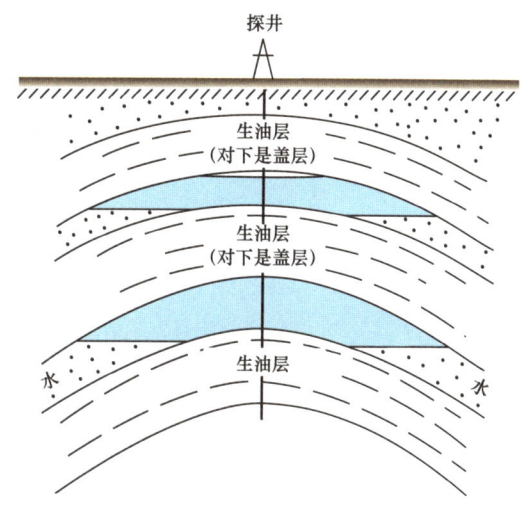

图2.39　油气藏构成的地质要素

图2.40　页岩是最好的油气藏盖层类型

岩性有关，其优势顺序由好至差大致排序如下：盐岩→富含干酪根的页岩→黏土质泥岩→膏盐→硬石膏→粉砂质页岩→泥灰岩→碳酸盐岩。

岩石层内具备了储存油气的储集岩，储集岩之上又有防止油气散失、阻止油气继续运移的遮挡物，就构成了"圈闭"，它是形成油气藏的基础。圈闭是具备捕获分散烃类形成油气聚集的有效空间，具备储藏油气的能力，但圈闭中不一定都有油气。一旦有足够数量的油气进入圈闭，充满圈闭或占据圈闭的一部分，便可形成油气藏。

图 2.41　新疆阿克苏地区秋里塔格山箱状大背斜（摄影：吕殿杰）

圈闭的种类很多，背斜圈闭是世界上最早被认识的圈闭类型（图 2.41）。在石油工业发展的初期，人们从广泛的实践中，总结出了"背斜学说"，提出了要在有背斜的地方去找油，卓有成效地推动了当时石油工业的发展。背斜圈闭是最主要、最普遍也是最容易找到的圈闭类型；而非背斜圈闭成因复杂，形态多样，隐蔽圈闭的勘探难度大，但也发现了不少大型油气田。随着勘探的深入发展，非构造圈闭将越来越显示出其勘探价值，特别是在老油气区，它将成为今后勘探的主要目标（图 2.42）。

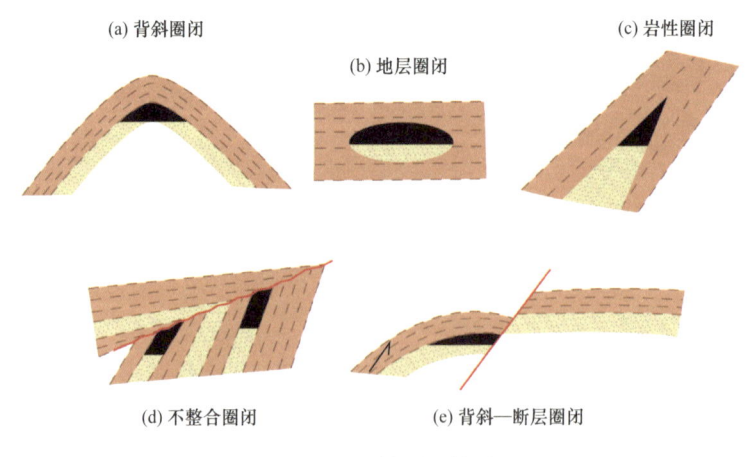

(a) 背斜圈闭　(b) 地层圈闭　(c) 岩性圈闭
(d) 不整合圈闭　(e) 背斜—断层圈闭

图 2.42　圈闭对油气藏的封闭作用

二 油气生成与油气藏形成

> **小贴士**
>
> 背斜学说：1842 年洛根（W.E.Logan）发现加拿大一处油苗与背斜的关系，引起普遍关注。1861 年亨特（T.S.Hunt）提出"背斜理论"，他指出：由于石油比水轻，聚集在背斜的顶部，可以期望沿着背斜或褶皱线钻井发现石油。后来这个理论不断完善，发展成为具有储层和不渗透隔层，并与烃源岩相关的背斜构造成藏理论。作为早期的石油地质学理论，背斜理论在世界上一大批油气田的发现中，卓有成效地指导了石油勘探实践。

地层圈闭是一种非构造圈闭，主要由储层岩性横向变化或地层连续性中断而形成的圈闭。常见由透镜体砂岩、岩相变化、生物礁体等形成的原生地层圈闭，由地层不整合、成岩后期溶蚀作用等形成的次生地层圈闭。

水动力圈闭，由储集岩层中水动力发生变化造成流体遮挡而形成的圈闭，如酒泉盆地北部单斜带的单北油田，即属于这一类圈闭。

复合圈闭，上述两种或三种圈闭因素共同组合形成的圈闭。主要有构造—地层复合圈闭，构造—水动力复合圈闭，地层—水动力复合圈闭和构造—地层—水动力复合圈闭。

2.25 油、气的"孪生兄弟"——油田水

人们非常熟悉江河湖海流淌的水，对浅层地下水的开采利用也有所了解，但什么是油田水，恐怕知道的人就少了。在油田里油、气和水同时储存在地下岩层里，油田内的地下水通常称为油田水。那么，在一个油田内，油、气、水是怎样分布的呢？

在地下一个油藏里，由于重力分异作用的缘故，油田水中的气体会因密度轻而位于上方，油次之，处于中间，而水最重，当然只能在最下面。这好像是巨大的水体托浮着石油和天然气宝藏。

油田水与乡村打井开采的浅层水可不一样，其来源要复杂得多。除了包含一部分大气渗入水以外，油田水主要来自地层沉积时留下来的沉积水，以及来自地壳深处的深层水。沉积有机质在生成烃类的同时，还会产生大量的

水,所以它是油气的"孪生兄弟",这些地下水混合在一块就成为油田水。在漫长的地质历史时期中,油田水经历了一系列物理化学作用、生物化学作用,不断地改变着水中各种离子的组成,如硫酸盐被还原成有臭味的硫化氢,碳酸根离子(HCO_3^-、CO_3^{2-})明显增加,铁质也多被氧化成$FeSO_4$。油田水可不能品尝,它可没有矿泉水那么爽口清新!原来,地下水因变质作用和浓缩程度高的缘故,含矿物质多,即矿化度高,它在漫长地质历史中从周围岩石,特别像膏盐岩层、碳酸盐岩中不断地溶解可溶的矿物,因而在油田水组成中常见有Na^+、K^+、Ca^{2+}、Mg^{2+}和Cl^-、SO_4^{2-}、HCO_3^-、CO_3^{2-}等碱性或酸性离子,通常也还能见到烃类、酚和有机酸等有机化合物,一般都属于"硬质水"。

不同地区油田水的类型通常都是不一样的。科学家们根据油田岩层内所含的地层水中各种离子的含量比值,将油田水划分为硫酸钠型水(Na_2SO_4)、碳酸氢钠型水($NaHCO_3$)、氯化镁型水($MgCl_2$)和氯化钙型水($CaCl_2$)四种(图2.43)。在油田分布的地区,油田水一般以氯化钙型水为最多,也有碳酸氢钠型水,而硫酸钠型水地区基本没有石油分布。根据油田水类型与油气田分布这种相关性,在勘探之初要分析各盆地中各地的水型,以了解哪儿地下水处于停滞状态,哪儿处于水交替状态,来确定含油气可能性大的地区。可想而知,那些处于水交替带的地区是不利于石油和天然气保存的。

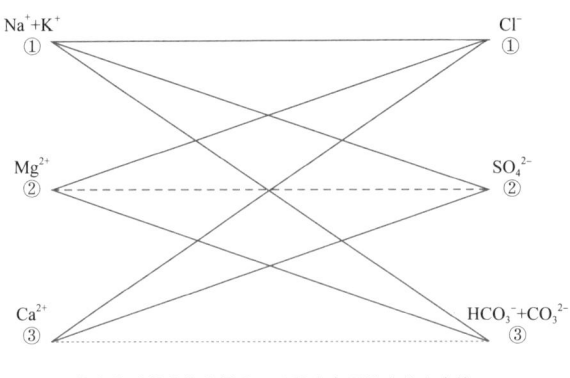

①代表离子结合能力最大;②代表离子结合能力中等;
③代表离子结合能力最小

图2.43 离子结合能力顺序示意图

在一个油气田投入开发以后,要采用人工向地下注水的方式提高油和气的采出率,科学家们在这些注水中加入一些特殊的矿物质,作为"示踪剂",可以帮助石油工作者了解地下水在油层中的运动方式,改善并提高油、气的采收率。

2.26 石油中的蜡从哪里来?

石油是由多种成分组成的,一般都含蜡,我们日常生活中使用的蜡烛,器物表面打光的各种蜡等,就是典型的石油产品之一。自从人类开采石油以来,就无时无刻不与蜡打着交道。当然,蜡在油管中的聚积是石油开采过程中令人头痛的难题。我国油田开发中每年在除蜡工程中的投入都是相当大的,所以,蜡也是石油科研人员长期研究的对象之(图2.44)。

石油蜡是一种固态烃,主要成分为石蜡,它存在于原油、馏分油和渣油中,具有蜡的分子结构,熔点高于30℃。

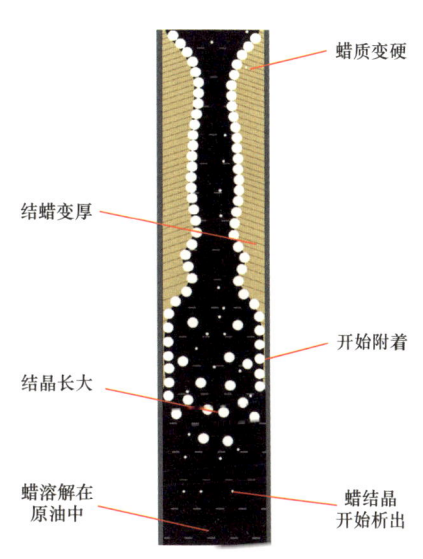

图 2.44 油井结蜡示意图

在油田未开发之前,原油是埋藏在地层中的,这时处于高温、高压条件下,原油大多呈单相液态存在,蜡是完全溶解在原油之中的。在油层的开采过程中,当原油从油层流入井底,再从井底沿井筒举升到井口时,随着压力、温度降低到一定程度后,蜡就从原油中离析出来,形成的结晶颗粒在一定条件下聚集增大并且不断地粘结在油管壁上,这就是油井的结蜡。

调查发现，全球高含蜡的油田不是很多，中东、马拉开波湾、墨西哥、美国得克萨斯等知名产油区，含蜡量都不高，而一些特定区域，包括我国一些油区的古近系—新近系油藏，原油中的蜡含量则很高。

产出高蜡原油的地层具有如下几个特征：（1）几乎均为砂泥质岩系；（2）所有岩系均在低含盐或半咸水环境中形成；（3）大多数地层都含煤层、油页岩或其他高碳质沉积物；（4）生油层大多形成于靠近陆地边缘的湖泊、海湾及三角洲地区；（5）蜡与硫互相不容，即在产出高蜡原油的地层中只产低含硫原油，产出高含硫原油的层系只产低含蜡原油。

人们终于认识到，高含蜡原油反映了某些生油物质的影响，这些物质主要产生于淡水、低含盐的水体和沿海沉积环境中。例如，我国东部大部分油田就形成于这类沉积环境，所以大多高含蜡。高含蜡原油几乎不产于广阔海洋的海相沉积物中，这一点，在我国西部塔里木、四川、鄂尔多斯等海相地层得到验证。

高含蜡原油主要生成在新近纪—古近纪、白垩纪和石炭纪时期的地层中，这些地质历史时期也正是陆生生物极为繁盛的时期。有理由相信，在地质历史中，生油物质至少会有一部分为陆源植物物质，而且正是它们使原油的蜡质大大增加了。

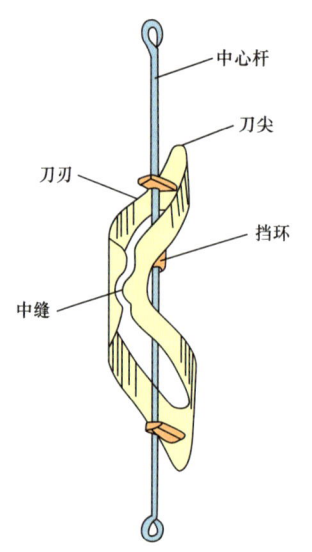

图 2.45　最常使用的油井除蜡刮片

由于各个油田的情况不同，蜡的性质也会各异，加之目前使用、试用的清蜡方法也较多，所以各国石油公司都很注重这一问题。在常规的原油开采过程中，除蜡的方法主要为机械方法、热力学方法及化学方法等。

我国很多油井还是使用传统的刮蜡器等机械方法除蜡，就是采用一种专门的装置将油井井壁上的蜡刮下来，费时又费工，效率也较低（图 2.45）。外国一些油田，采用商品化的细菌制品，控制油井结蜡。在生产实践中，人们将固态的或液态的细菌制品注入合适的油井井底，使细菌在那里生长繁殖并不断地氧化原油中的蜡质组分，同时产生有机酸等中间代谢产物，减少原油中的蜡质含量，增加蜡质组分在原油中的溶解度，从而达到控制油井结蜡的目的。

有一种间接的除蜡方法，可利用太阳能进行二次采油。它是在井口将采出的原油加热，再将一部分加热了的原油注回油层中去。从而降低了油层中剩余原油的黏度，使这部分原油易于开采、泵送和处理加工。

2.27 天然气是怎样生成的？

天然气与石油是一对"孪生兄弟"，它们在起源上既有密切联系又有显著区别，天然气比石油有更广泛的形成条件和储存空间。

天然气成因在学术界争论由来已久，目前证实的天然气成因有生物成因天然气、有机成因天然气和无机成因天然气。有机成因天然气和氢元素发生反应，形成无机成因天然气。

生物成因的天然气，发生在低温（小于 75℃）还原环境下，厌氧细菌对沉积有机质进行生物化学降解所形成的富含甲烷的气体。20 世纪 60 年代在西西伯利亚北部白垩系砂岩中发现的产气区即为生物成因。我国青海柴达木盆地广泛发育有第四系沉积，勘探工作者已在其中发现多个大、中型生物气田，东海、云南陆良、百色盆地等也都有生物成因的天然气田发现。

人们熟知的"沼气"也是生物气，来源于生物质，是一种生物燃料，由厌氧细菌分解或发酵有机质（如生物质、动物粪便或下水道污物、复合型废料、能源作物）而产生。这种生物气主要由甲烷和二氧化碳构成。沼气已在许多地区得以利用，但它的应用范围还可以大大扩展。沼气不能成为可供管线输送的天然气，除非将其净化至一定程度，就地作为燃料或用专用管线进行短途输送（图 2.46）。另一种类型的生物气为木煤气，由木材或其他生物质气化而得，这种气体主要成分是氮气、氢气和一氧化碳，还有微量的甲烷。

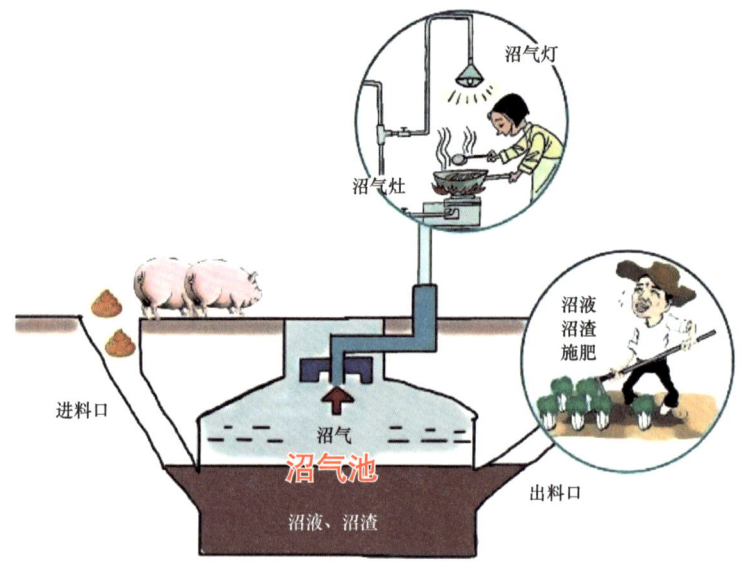

图 2.46　沼气——人们最熟悉的生物气

有机成因气的生烃母质类型一般划分为腐泥型、腐殖型，实际上也存在介于两者之间的混合型。有学者把腐泥型有机质的热解气和裂解气归为油型气，而把腐殖型有机质（主要为煤系中的煤层和分散有机质）的热解气和裂解气归为煤型气。

> **小贴士**
>
> **热降解作用**：有机聚合物在加热时所发生的降解过程，是聚合物降解的一种重要方式。在热作用下，大分子末端断裂，生成活性较低的自由基，然后按链式机理迅速逐一脱除单体而降解，脱除少量单体后，短期内残留物的分子量变化不大，这类反应称为解聚。
>
> 影响热降解产物的主要因素有热解过程中自由基的反应能力，参与链转移反应的氢原子的活泼性。所以含活泼氢的聚合物如聚丙烯酸酯类、支化聚乙烯等，热解时单体收率都很高。如聚合物裂解后生成的自由基被取代基所稳定，一般按解聚机理反应。利用该原理，可从废有机玻璃回收单体，因此热解反应是包装废弃物回收处理、循环利用的重要方法之一。

油型气的演化途径一种是干酪根热降解为石油，随地温增高又可裂解为气态烃；另一种为有机质直接热降解为气态烃。煤型气是指由煤系有机质热演化形成的天然气。煤型气的原始有机质基本组成是碳水化合物及木质素，主要来自各种门类的植物遗体。它们随着埋深的增加，经煤化作用演变成不同煤阶的煤，或者伴随矿物质经成岩作用形成腐殖型干酪根。煤成气和煤层气都属于煤型气，但两者在产状和赋存状态上存在着差异。

无机成因气泛指无机物质在各种自然环境下经复杂地质作用形成的天然气，通常包括地球深部岩浆活动、变质作用、无机矿物分解作用、放射作用所形成的岩浆气、变质岩气和各种无机岩分解气，以及宇宙空间所产生的宇宙气体。这类天然气的形成一般不涉及有机物质的参与和反应。总体上可认为，来自幔源的岩浆活动、变质作用及相伴的无机矿物热分解作用是无机成因气的主要成因。深大断裂活动常与无机成因气的分布有关。非烃天然气大量来自无机作用是毋庸置疑的，研究发现甲烷也有无机成因来源。

可以看出，无论是生物成因天然气还是油型气、煤型气，追根溯源都是由有机物质生成的，都可以称为有机成因天然气。

在地球的大气圈和岩石圈中还广泛存在着由上述各种成因气体混合而成的气体。这种混合成因气在物质组成、形成背景和赋存状态上往往各不相同，具有各自的特点。大气就是典型的混合成因气。由混源气形成的天然气藏也相当普遍，在油气地质研究中应予以足够重视。

2.28 断层——油藏的"催生婆"与"破坏者"

断层是地壳构造变动的产物，广泛分布于全世界各含油气盆地之中。石油勘探人员对断层往往很是头疼，因为断层与油气的关系具有两重性：一方面可以作为油气运移的通道，使油气沿断层迁移，使早期形成的油气聚集遭受破坏而散失；另一方面，它在适当的条件下可对油气封堵，阻止油气迁

图 2.47 断层的野外形态

移和扩散，形成断层遮挡类型的油气藏，促成油气藏的形成（图 2.47）。

谈起断层与油气藏的关系，我国东部渤海湾盆地就是最好的实例。位于盆地东西两侧的郯城—庐江深大断裂和太行山东侧深大断裂控制并形成了开阔的渤海湾盆地。在其内部发育的次一级断裂产生了一系列的坳陷。这种因断裂活动而产生的坳陷，常被称为断陷。在靠近大断裂下降盘处沉积物最厚，是沉降最深处，往往也是生油岩发育区和油气宝藏形成的供油区。

断层的通道作用和封堵作用是相对的，可依据一定条件而相互转化。一般来说，当断层活动时，油气沿断层以短促、急速的形式运移，可对油气运移起通道作用，伴随生油层中油气生成的同时，凹陷内产生的断层极有利于生油岩与其上部储油层之间的沟通，成为供油的重要通道。当断层相对稳定时，断面处于封闭状态，其对油气起封堵作用。断层往往在储油岩层上方形成时可起到遮挡作用，是很好的断层油藏（圈闭），有油气供给时可形成断层油气藏。这是在渤海湾盆地各凹陷最常见的油藏类型（图 2.48）。

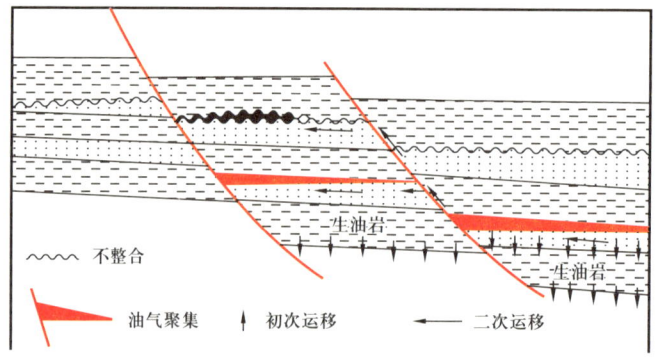

图 2.48 断层对油气藏的形成与破坏

断裂为什么能遮挡油气呢？那是由于较早产生的断层经过天长日久的摩擦，产生的粉末状断层泥会封住断裂破碎带，也有可能是储油砂层上方被厚厚的泥岩层封挡，抑或地层水中溶解的碳酸钙类物质沉淀将破碎带胶结起来，还有被氧化的石油变成沥青会堵住断裂处等，这些因素都会使油气无法渗透、运移，从而使断层形成十分理想的断层圈闭。

由此可见，断层的确是油气藏形成的"功臣"与"催生婆"。毫不夸张地说，在渤海湾盆地很少有油藏与断层没关系，在其他油气田中，断层的身影也几乎无处不在。

当然，断层也常常是油气藏的破坏者，在一个构造内充注石油或者天然气以后，若有新的断裂活动发生，油气藏也就像发生煤矿巷道水沿断裂流出来一样，油气会向压力更低的方向流动，时间长了，原油藏就没油气了。如果地质条件允许，跑出的油气除损失在旅途中一部分外，还要在新的油气藏里聚集起来，但原来的油、气肯定会损失不少，所以这种断层是次生油藏的供应通道。一般在它们的上方，只要有泥岩等盖层，有圈闭，就可以形成次生油气藏了（图2.49）。

所以，对于地层深部的断层，石油勘探家们真是"爱恨交加"。

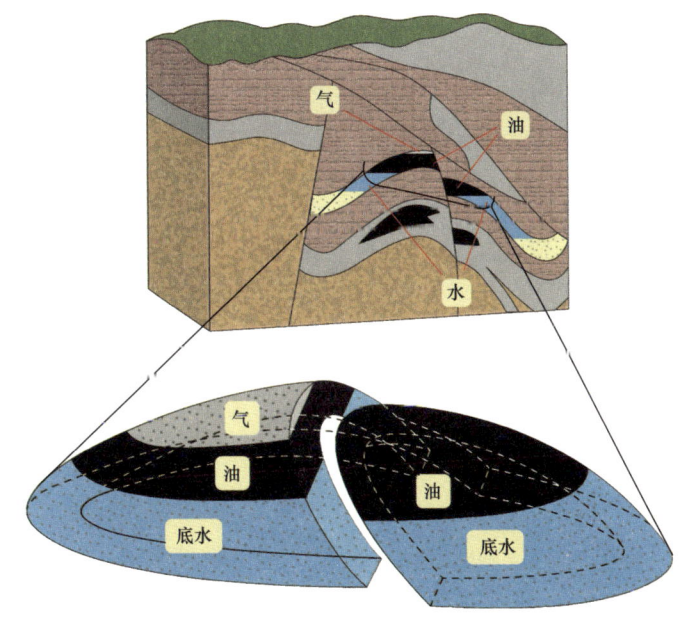

图2.49 断层对一个油气藏的破坏作用
一个完整的背斜油气藏，因为断层作用，油气藏被破坏一分为二，
原来储存的油气有可能沿断层逸散

> **小贴士**
>
> 郯城—庐江深大断裂带（郯庐断裂带）是东亚大陆上的一系列北东—南西向巨型断裂系中的一条主干断裂带，在中国境内延伸2400多千米，切穿中国东部不同大地构造单元，规模宏伟，结构复杂。它是地壳运动的接合带，是地球物理场平常带和深源岩浆活动带，形成于中元古代。
>
> 自古至今，郯庐断裂带及其附近两侧，大大小小的地震活动从未间断过，说明它是处于活动状态的断裂，是一条地震活动带。1668年7月28日，山东郯城发生8.5级大地震，波及大半个中国，是我国东部千年罕遇的一次特大地震事件。三百多年后的1969年7月15日，渤海中部再次发生7.4级地震，紧接着，1975年2月4日，又在辽宁海城发生7.3级地震。引人注目的是，这三次大地震的震中位置都无一例外地落在郯庐断裂带或其附近。

2.29 良好的油气聚集地——三角洲沉积区

三角洲是一种独特的地理现象，一般发育在河流的入海口或入湖泊处，从高处俯瞰，就像是一个或数个从陆地冲到水域里巨大的三角形沉积体，或者说，更像一个个硕大的手掌插入水中，壮观异常！

三角洲研究历史久远，古希腊历史学家希罗多德早在公元前450年就提出了这一概念。三角洲与人类的生产、生活等息息相关。长期的油气勘探开发证实，三角洲沉积可以形成优质的烃源岩和储层，是油气勘探的重要"靶区"。

三角洲在地形上是河口地区的冲积平原，是河流入海时所夹带的泥砂沉积而成的。世界上每年约有160亿立方米的泥砂被河流搬入海中。这些混在河水里的泥砂从上游流到下游时，由于河床逐渐扩大，上下游地形差减小，在河流注入大海时，水流分散，流速骤然降低。再加上潮水不时涌入有阻滞河水的作用，特别是海水中溶有许多电离性强的氯化钠(盐)，它产生出的大量离子，能使悬浮在水中的泥砂也沉淀下来。于是，泥砂就在这里越积越多，最后露出水面。这时，河流只得绕过沙堆从两边流过去。由于沙堆的迎水面直接受到河流的冲击,不断受到流水的侵蚀,往往形成尖端状,使沙堆成为一个三角形,人们就将其命名为"三角洲"(图2.50)。

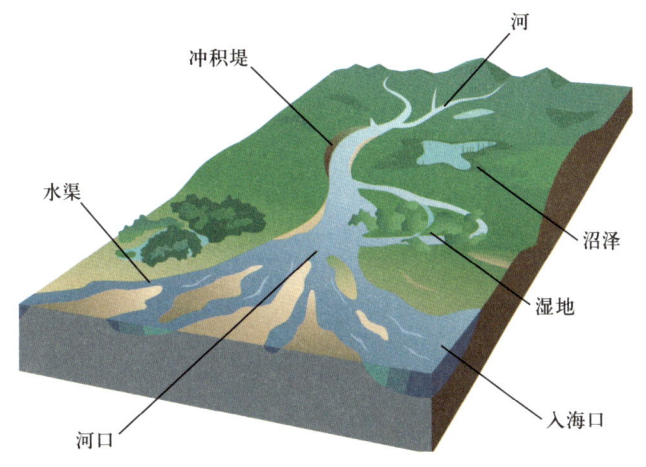

图2.50 三角洲的形成示意图

河流输砂量、入海口附近河段底部坡度、波浪和潮流的侵蚀和搬运作用强弱等因素直接影响三角洲的形成。通常,三角洲形成的有利条件有以下几个方面:一是入海口附近河段的输砂量大,流水沉积提供物质保障。河流输砂量的大小会受流域的植被、地面坡度、土质、降水及河流上游河段泥砂沉积数量等因素的综合影响。二是入海口附近河段底部坡度小,利于降低河流速度,促进河流泥砂沉积。三是波浪和潮流的侵蚀、搬运作用弱,与河流泥砂沉积对抗作用弱,有利于三角洲的发育。

根据三角洲的不同形状,通常将其分为扇形三角洲、鸟爪形三角洲、舌形三角洲、尖嘴形三角洲、弓形三角洲和河口湾形三角洲等不同类型(图2.51)。

河流不仅为三角洲沉积带来大量泥砂,而且带来了大量的有机物质。这些有机质随着悬浮的泥质一起在三角洲沉积下来,它们为湖盆或海盆中的生物提供了丰富的营养,促使生物得以大量繁殖、生长。因此,三角洲的泥岩中含有丰富的陆源及原地生物形成的有机物质,另外,三角洲一般是处于还原或弱还原环境。加之在此沉积和埋藏都比较迅速,有利于有机质的保存和

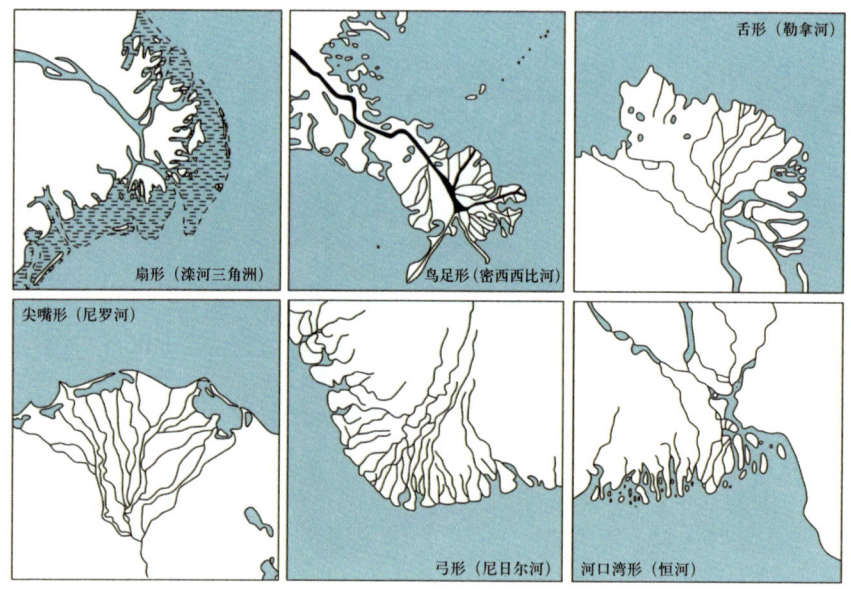

图 2.51 三角洲的 6 种形态

转化。因此,三角洲的泥岩和粉砂质泥岩可作为良好的生油岩。同时,三角洲的砂体具有良好的储油性能,上部泥岩具有良好的封盖能力,可作为油气储集的盖层。在三角洲体系形成和发展过程中,生油层、储油层、盖层共同构成了良好的生储盖组合(图 2.52)。

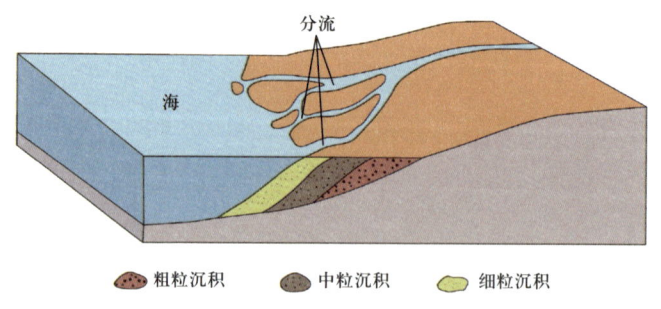

图 2.52 三角洲沉积模式示意图

总之,三角洲沉积既有厚度大的生油岩,又有质地纯、分选好的储油岩,加上三角洲沉积过程中局部的海进、海退频繁,幅度也较大,这样就可形成众多的、良好的生储盖组合，进而形成油气丰富的油气聚集带。因此三角洲容易形成大中型油气田。中国很多大油田，例如大庆油田、胜利油田、长庆油田、新疆油田等，三角洲砂体都是重要的产层，可见三角洲是油气聚集的重要场所。

2.30 形成大型油气田需要哪些特殊地质条件？

所谓大型油气田是那些被确认石油储量在 1 亿吨以上的油田（气田储量相当于 1000 亿立方米）。当然，这是参考目前国际上大油田标准，结合中国油气田的实际情况制定的标准，是以油气田探明的石油（天然气）储量为依据的。

具备什么样的优越地质条件才能形成大型的油气田呢？

如果说，一座巨型油气田是令人垂涎的"一锅好饭"，那么，要做出这锅"美食"的几个重要条件就是：好的食材（优质烃源岩）+ 有效合适的烹饪条件（合适的温度、压力、微生物群落等）+ 优质的保存条件（优质储层和密封条件好的盖层）。从地质学角度来说，就是良好的生 储 盖一套或者多套岩石层的结合，而且特色鲜明，面积广阔。

一是坳陷（凹陷）内油气资源丰度高。坳陷（凹陷）深意味着形成石油的生油岩埋得深，厚度大，生烃能力强，生成的油气资源就丰富。中国大油田中，坳陷面积大、埋藏较深形成大油田的，如大庆巨型油田、长庆巨型油气田等；凹陷面积小但埋藏深也能形成大油田，如在面积仅为 800 平方千米的辽河大民屯凹陷找到了静安堡大油田（储量 1.8 亿吨）。

二是发育多种储集性能良好的大型储层。如以大型三角洲砂体为储层的大油田有大庆、胜利、曙光等油田；以近岸浊积砂体为储层的大油田有辽河西斜坡的高升油田、胜利的渤南油田；以生物礁、滩沉积体为储集体的大油田有东沙隆起上的流花 11-1 油田。这些砂体和礁构成的储集体，厚度大、

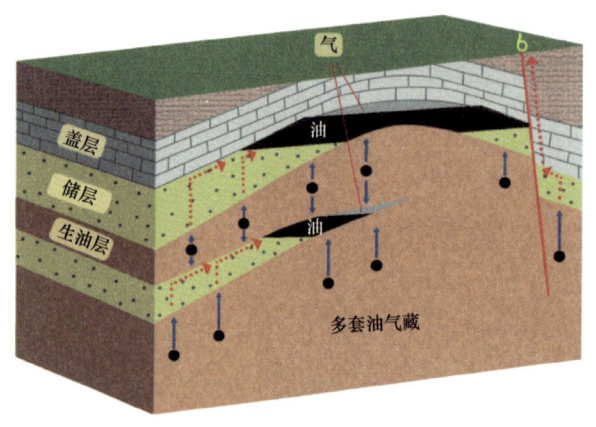

图 2.53　多套油气藏组合

储集性能好是它们的共同点（图 2.53）。

三是凹陷中多沉积间断和不整合。区域性的沉积间断和不整合可形成多种圈闭（超覆、不整合、古地貌、披覆背斜），同时不整合面之上有盖层、储层发育，而且其本身又是油气运移的主要通道，利于形成大油田。如华北任丘、辽河静安堡古潜山油田、胜利孤岛等油田。

四是大型同生断层发育。同生断层可以形成大型断裂构造，本身可成为油气运移的重要通道，并与油气聚集有密切关系，我国东部渤海湾盆地发现的许多油气田大多都与此类断层关系密切。

五是区域性分布的良好盖层。区域内广泛发育厚层、稳定分布的暗色泥岩、盐膏岩、页岩盖层，控制着区域上的油气分布，原生油气藏几乎全分布在区域盖层之下，我国西部的一些油田具备这些特征。

发育距离较近的、能够充足供给油气的巨厚的生油层，大型圈闭，良好的储层和优质的区域性盖层，以及这些优越条件在时空上的相互匹配，是大油气田形成的基本必要条件。

2.31　什么是油砂体？

油砂体是指地下深处含油的砂体，由很多不规则的砂体组成。

砂岩油层在地下是什么样子？是不是人们想象的那样，一层一层、均匀整齐地分布着呢？从现代沉积中可以看到：沿着河流两岸的陡壁，往往有一些呈层状的岩石露头，有紫红色、黑色、灰绿色的泥岩，也有灰色、灰白色的砂岩。粗看上去，它们是一层一层地分布着。如果仔细观察，沿着砂岩去追索，就可以看到，在一个层中，它们的横向变化大，一段是砂岩，一段是泥岩，看起来是泥岩包围砂岩，或是泥岩被砂岩所分割，也就是说，在某一个岩层内，既有砂岩，又有泥岩。砂岩的部分叫作砂体，砂体在平面上延伸由几十米、几百米到几千米，厚度由几十厘米到几十米不等。

地下深处的砂岩油层，由很多不规则的砂体组成，我们把这些含油的砂体叫作油砂体（图 2.54）。

油砂体为什么以这种形态出现？这和砂体沉积形成时的水流条件有关。简单地说，江河的上游水流湍急，对河床河底的冲刷切割能力很强，在河床里多见到鹅卵石，砂少见；到了中下游，一般都进入到平原地区，河床变宽，水流变缓，河水中携带的砂开始在河床里沉积，一般形成长条状断续分布的沙洲、沙滩，在它们中断的地方分布着泥质沉积。洪水季节，水位上涨，漫出河床，

图 2.54　多种形态的油砂体分布
1—渗透性砂体；2—非渗透性岩层

在河滩地带又沉积了较细的砂，在河流入湖、入海的地方（河口），地势低平，河道分成很多分流，在分流的河道部位和河滩上都堆积了砂体，呈现手掌状或树枝状分布形态；在河道入湖、入海后，在河口的浅水地区又堆积了分布较广、分选较好的砂体。砂堆积的主要部位是在河流的下游，河口附近

及河流入湖、入海后的浅水地带。

油砂体的形态是复杂多样的，储油性能很不均一。从平面上看，油砂体形态多变，大小悬殊，有长条状、手掌状、树枝状、扫帚状及其他不规则形态；单个的油砂体最大面积可达数百平方千米，最小不到 1 平方千米；储油性好的砂体，渗透率可达几万毫达西，储油性差的砂体，仅几毫达西。从纵向上看，在一套油层内，形态不同、厚薄不同、储油性能不同的油砂体参差错叠，互相串通。

尽管油砂体的特征错综复杂，但并不是没有规律的。在同样的沉积条件下形成的油砂体具有大体相同的分布特点和储油性能。有的呈大面积分布的厚层油砂体，从平面上看，油层延伸稳定，大面积连片分布，油砂体内的大片砂岩中有时也混杂一些泥岩或不渗透岩层的部分，但这些部分是彼此孤立、局部分布的；从总体上看，砂岩体是大面积分布的，这种油砂体的砂岩颗粒较粗，分选性好，孔隙度、渗透率都比较高，油层性能好。从纵向上看，大厚层砂岩当中往往有一些较薄的泥岩夹层，但是这种泥岩夹层延伸不远即消失，又被含油的砂岩所代替。这类油砂体是油田开发中的主力油层。

2.32　从油气藏到油气田

油气深埋地下，看不见，摸不着。油气之所以能在地层中聚集起来，是因为在地下也存在与水库蓄水类似的条件，可以把储集油气的这种地方看作天然的地下油气库。石油地质工作者还为这些"聚集地"起了名，叫作油气藏或油气田。

油气藏的意思，一方面是说，这是一个聚集了油气的地方，但不一定是生成油气的地方，和"矿藏"的概念相同。更主要的是指油气在一个具有富含孔孔洞洞的岩石构成的天然仓库中的聚集。它是石油地质工作者在研究了油气在地下聚集的基本条件后,为那种具备了油气藏的必要条件的基本地质单元起的名称。在复杂地质营力作用下,在各种岩层成层重叠的地层中,这种天然油气"库"不止一层;在任何一个地区的地层中,能够储集油气的基本地质单元也不止一个,而油气运移又是在一个相当大的空间内进行的,所以,在地下凡是有油气聚集的地方,往往不止一个储集油气的基本地质单元。石油地质工作者就把在同一局部构造范围内的一群具有相同形成史的油气藏总称为油气田。

油气藏形成的基本条件有四项:具有充足的油气来源;具备有利的生储盖组合;具备有效的圈闭;具备必要的保存条件。四者缺一不可(图2.55)。

地壳中的油气藏,可分为常规和非常规两大类型。世界油气勘探开发的历史就是

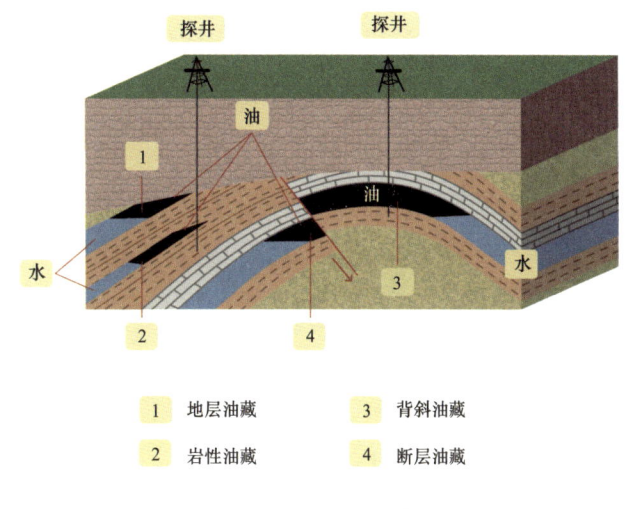

图 2.55 油气藏剖面图

一个由常规油气藏到非常规油气藏勘探开发的历史。

油气藏按圈闭的成因分类分为构造油气藏,包括背斜油气藏、断层油气藏、裂缝性背斜油气藏和刺穿油气藏;地层油气藏,包括岩性油气藏、地层不整合油气藏、地层超覆油气藏和生物礁油气藏;水动力油气藏,包括构造型水动力油气藏和单斜型水动力油气藏;复合油气藏,包括构造—地层复合油气藏、构造—水动力复合油气藏、地层—水动力复合油气藏和构造—地层—水动力复合油气藏。

"油气藏"和"油气田"这两个概念既有相同之点,又有不同之处。如严格地按照定义来理解,油气藏基本上只具有理论上的意义,因为一个油气

田仅仅是由一个油气藏组成的情况几乎不存在。但就它们都是天然的地下油气库这一点而言，二者又差不多是相同的。因为油、气田仍然是一个天然的地下油气库。不同的是，这个库是由具有相同形成史的若干小库（油气藏）组成的。正像某一仓库是由若干库房组成，某一油库内又包括若干油罐一样，每一个库房或油罐也就是一个小油气库。

油气田的命名也和油气藏一样，聚集物以油为主的叫油田，以气为主的叫气田，既有油又有相当数量的气则叫油气田。

油气田是受单一局部构造单元所控制的同一面积内的油藏、气藏、油气藏的总和。这个"局部构造"是广义的，它可以是背斜、单斜、断块、盐丘等，也可以是礁块、不整合、古潜山、古沙洲等构造单元。

人们通常所说的大庆油田、塔里木油田、胜利油田、长庆油田、四川气田等，则主要是从地理意义上或指行政管理单位而言。实际上，它们内部含有多个地质意义上的油田或气田。

2.33 什么是凝析气田？

2019 年，渤海湾盆地渤海中部海域发现了渤中 19-6 凝析气田。该气田探明天然气地质储量近 2000 亿立方米，凝析油地质储量超 1.5 亿立方米，为目前中国东部最大的凝析气田。那么，什么是凝析气田？它和一般气田有哪些不同？

凝析气田是一种特殊的气田。它的特殊之处在于，这种气田中聚集的碳氢化合物在一定温度、一定压力的地层条件下是气态物质。当压力或温度降到某一界限以下时（比如采到地面后，在常温常压条件下），这种气态化合物反倒会变成液体状态。这种现象和一般现象相反，一般气态物质（如水蒸气）只有在压力升高、温度降低时才能凝聚成液态，因此，把这种现象称为"反凝析现象"。这种气的凝析物称为凝析油。这种气田称为凝析气田。因为凝析气田的产物在地面是凝析油，所以也有人叫它凝析油田。凝析油是一种轻质油，可以直接加入摩托车等交通工具使用（图2.56）。

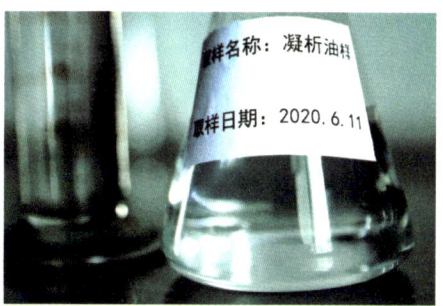

图2.56　石油（左）与凝析油（右）样品

凝析气田的气之所以具有这种特殊的反凝析现象，首先在于气的组分，其次是储层中的压力和温度条件。凝析气田的气中除了含有大量甲烷外，戊烷（C_5H_{10}）和戊烷以上的烃类（含有汽油和煤油的组分）含量较一般气田高，这些组分在地层条件下逆蒸发为气体，压力、温度下降又反凝析为油。由于凝析油的主要成分是汽油和煤油，质轻而纯净（呈无色透明状或淡黄色透明状），采出后甚至不需加工炼制就可以直接利用。再加上凝析油在地下时呈气态，只要在开采过程中注意不使它们在岩石孔隙反凝析成油，采收率是很高的。所以，凝析气是一种很宝贵的地下资源。这种气田在我国的塔里木、四川、渤海湾等盆地都有发现。

2.34　为什么有的地方多产石油而有的地方多产天然气？

这个问题的提出很自然，从目前我国的油气分布现状看确实会给人留下这样的一个印象。我国东部石油储量多，油田规模大，如大庆油田、胜利油田、辽河油田、冀东油田、渤海海上油田等，使东部成为中国主要的石油生产基地。天然气区则主要分布在四川盆地、鄂尔多斯盆地、塔里木盆地等西部地区，在柴达木盆地的一些地区也有气田发现。石油与天然气能源在我国东西部的分布不够均衡。这也正是国家实施"西气东输"工程以保证东部经济持续发展的科学依据。

我国的石油和天然气为什么会这样分布？这是大自然的造化，是由特定的地质、地球化学条件，甚至生物化学等决定的。主要决定因素有两点：

第一，有机质类型的差异是决定生油还是天然气的最基本条件。

有机质类型，就是生油母质类型的不同是决定以生油为主还是以生气为主的根本原因。而不同的生油母质类型又与形成有机物质的不同生物来源密切相关。古湖泊或古海洋中富含低等水生生物，如浮游生物、各种藻类等，是最有利生成石油的生源物质来源。而带入湖水中或海洋中的陆生高等植物为生源的有机组分，则是有利于生成天然气的母质类型。若是由两种来源的生源组成则既可生油也可生成气，但更多还是生成油，且其生成量较第一种类型差。以水生生物为重要生源的有机质虽然可生成大量油，但在特定条件下，也可能生成大量天然气。而以陆生生源为主的有机质类型，一般生油很少，生成天然气相对多（图2.57）。

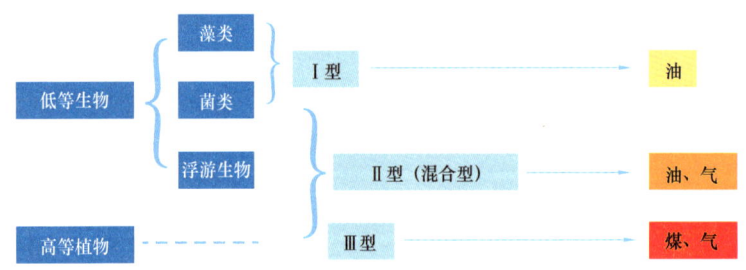

图2.57 生成石油和天然气的生物来源

在我国发现的大油田，如大庆油田、辽河油田、胜利油田等都是发育以水生生物为主要生源的大型湖泊相沉积，其有机质属于最好的腐泥型干酪根类型，因此形成了丰富的石油资源，而天然气则相对较少。在塔里木盆地的库车地区发现的大气田，其生源物质主要来自陆生高等植物，其有机质主要属于腐殖型干酪根类型，因此基本形成的是天然气资源。

二 油气生成与油气藏形成

第二，有机质的成熟度及演化史是生成石油或天然气的关键因素。

有机质的成熟度高低与炼油时不同阶段所产生的柴油、煤油、汽油、高级汽油等不同产品的原理十分类似。

在开始生成石油时有机质的成熟度不很高，但随着地下温度、压力的增加有机质成熟度不断增高，石油生成量会不断增加；但达到一定程度，就会进入过成熟阶段，这时就使已生成的原油不断发生裂解开始生成湿气，最后进入生成干气（CH_4）阶段。在生成干气阶段，以生油为特色的腐泥型有机质也只能生成天然气了。我国四川盆地古生界产气层、塔里木盆地和鄂尔多斯含气区的大多数天然气藏都属于此类。那里的主要产气层大多是古生界的古老岩石层，形成时代久远，埋藏非常深，有机质的"成熟度"相当高，也就是说，以前形成的古老石油中的相当大一部分经过长期高温高压作用，被裂解成了天然气，经过运移和聚集，形成了天然气藏，这也是我国中西部地区富含天然气的重要原因。

2.35 多姿多彩的油气藏之一：构造油气藏

由于沉积环境及后期受构造运动影响的不同，使得能够储存油气的各个天然仓库从内部构造到外部结构都各不相同。再加上生油母质的不同，油气生成后的经历不同，保存情况不同，在各个天然油气库中储存的油气在性质上也不完全相同。所以，无论是油气藏还是油气田，都是各不相同的。

构造油气藏是指构造运动使储油层发生褶皱、断裂等形变，从而形成了圈闭条件的油气藏。由于这种圈闭较易于用地质测量和地球物理勘探方法确定，因此，这种油气藏发现的历史较早，研究也较充分，是目前已发现的油气藏中的主要类型。我国的许多主要油气藏都属于这一类，也是世界上最重要的一种油气藏类型。按储层的形态和特点，构造油气藏又可分为背斜油气藏、断层油气藏、刺穿油气藏及裂缝性油气藏。

背斜油气藏是由于构造运动使储油层、盖层和底层向上隆起，形成了圈闭油气的条件。这种油气藏是各种油气藏中最常见的，因而也最有代表性（图 2.58）。

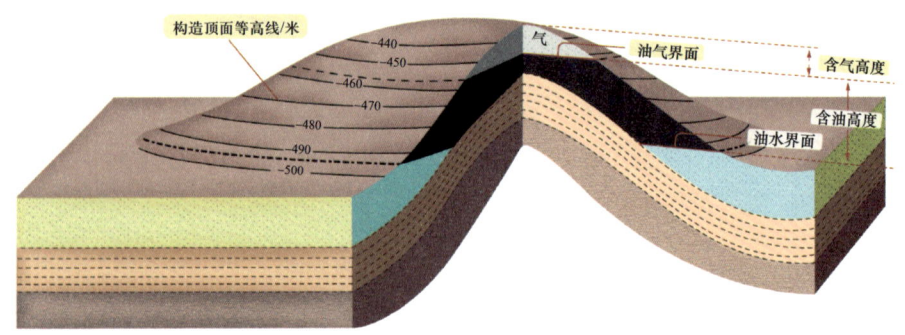

图 2.58　一个理想的背斜油气藏

典型的背斜油气藏像一个埋在地下倒扣着的大锅。这个"锅"的内外表面就是盖层和底层。盖层和底层阻止了油气向垂直于储油层的方向运移。隆起则在储层中造成了一个液流停滞区，既有利于油、气、水在其中发生重力分异和聚集，也使聚集起来的油气得以在其中保存。充满在储层中的水从下面将油气托住，封闭在隆起的储层中。

在错综复杂的地壳运动作用下，现实中的背斜油气藏并不像锅那样规则。它们有的接近圆形，有的却呈长条状，像埋在地下的一座座山包或一条条高岗。这些地下的"山包"或"高岗"有的拱起较高，有的则几乎近似平面。它们的最高点不一定在正中间，各个方向的坡度也不相同，有的还起伏，有的弯弯曲曲。几乎所有的背斜构造都在一定程度上被断层所破坏，只是还没有被断层切割为互不连通的几部分。背斜构造往往是几个、十几个成群出现，组成背斜构造带。

与基底隆起有关的背斜油气藏是指由于基底隆起使沉积盖层发生变形而形成的背斜圈闭中的油气藏。其主要特点是背斜两翼倾角平缓，闭合高度较小，断层较少，构造比较完整。我国松辽盆地大庆长垣北部的萨尔图油田中的白垩系油气藏属于这种类型的背斜油气藏。四川盆地威远气田为一平缓穹隆背斜，具有统一的气水界面，也属此类型背斜油气藏。

断层油气藏也是构造油气藏的一种。地壳发生褶皱运动时，有些地方因受力太大，使地层产生了断裂。这就像人们用手掰萝卜一样，劲用到一定程度，萝卜就断开了，在断开的地方有个断面。地层断裂后也有一个断裂面，两断裂面之间的裂开空间如果未被不渗透物质充填、堵死，它就可以成为油气运移的通道。如果被堵死了，断层就成了一个遮挡面——就像大河中的"坝"。在适当的条件下，这种"坝"与盖层、储层相结合，就形成了圈闭油气的条件。实际的断层油气藏也并不规则和单一。有的储层不仅倾斜，而且具有褶曲；有的则是断层面本身弯曲；有的又是由几条断层共同构成圈闭条件，并把地层切割成一个个断块（图2.59）。

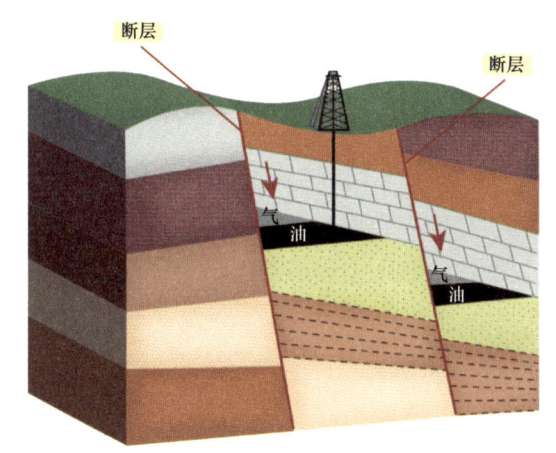

图2.59　断层油气藏示意图

断层油气藏是重要的构造油气藏，比背斜油气藏复杂得多。如前所述，断层对油气藏的形成具有双重作用，既可以起封闭遮挡作用，也可以起通道和破坏作用。在断裂带内，由于地下水作用，水中溶解物质沉淀，将破碎带胶结起来，可起封闭作用。如果断裂带内运聚有石油，由于原油被氧化形成固体沥青等物质也可起封闭作用。

断层油气藏的分布是有规律性的，广泛分布在深部膏盐沉积发育地区、褶皱作用强烈的地区，以及裂陷作用强烈的裂谷带。渤海湾盆地中的断层油气藏就非常发育，且常成组成带出现。我国济阳坳陷东辛油田中的一些油气藏属断层油气藏。

裂缝性油气藏也属于构造类油气藏，是储层的储集空间和渗滤通道主要为裂缝的油气藏。储层一般为非渗透性和渗透性很差的致密、性脆的岩层，如致密石灰岩、泥灰岩、泥岩等。裂缝的成因多样，但以构造裂缝为主，因此将裂缝性油气藏划入构造油气藏大类。

2.36 多姿多彩的油气藏之二：地层油气藏

由于地壳的时升时降，同一地区不可能连续不断地接受沉积。某一地区在沉积了某一时代的地层后，地壳又开始了上升运动。当这里的地壳露出水面后，它不仅不能再接受沉积，连已经形成的岩层也将被风化、剥蚀。当这一地区再次下降接受沉积时，地层就出现了间断，新老地层之间就缺失了一个时期的沉积。这个时期可以长达千百万年。这种现象叫沉积间断。存在着沉积间断的地层接触关系叫作"不整合"。新老地层间的接触面叫"不整合面"。不整合面下的老地层在上升和遭受剥蚀期间还可能经历过种种构造运动，因而可能存在褶曲、隆起和断裂等地质构造。

地层油气藏是指储层因地层的性质，包括孔隙度和渗透率等岩石性质的变化而形成的油气藏。地层油气藏的形成与地层削蚀、超覆等各种类型的不整合面有关。地层油气藏是主要由经过沉积间断以后新沉积的不渗透地层形成的油气藏。这类油气藏的圈闭条件实际是由沉积成岩作用和构造运动相结合形成的。

在不整合面下倾斜的老岩层中如果存在被盖层、底层夹持的储层，不整合面上的不渗透层就是封堵储层出口的"坝"。这种储层里如果聚集了油气，就是地层遮挡单斜油气藏（图2.60）。

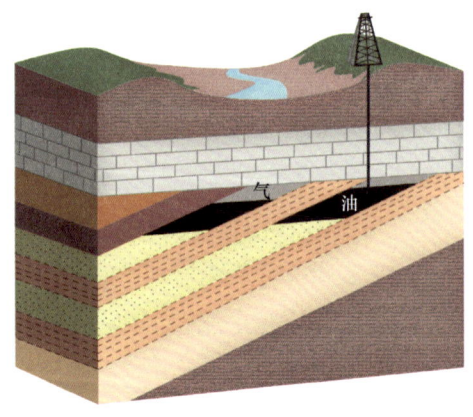

图2.60　地层遮挡单斜油藏

不整合面下的老岩层中，如果有被剥蚀了顶部的背斜，不整合面上的不渗透岩层又正好把它被剥蚀的顶部挡住，就可以形成地层遮挡顶部隆起油气藏（图2.61）。我国著名的鄂尔多斯大气田就属于不整合气藏。现在储存大量天然气的地层由于在过去漫长的地质历史中经历了风吹、雨淋等风化作用，缝缝洞洞非常发育，就可以成为良好的油气储藏地。

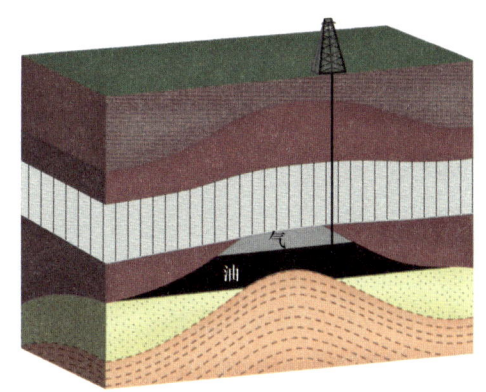

图2.61 地层遮挡顶部隆起油藏

也就是说，下面的岩石层经过风化以后，发育了丰富的孔洞，渗水性也大大增加了，上面再次沉积了致密的泥岩或页岩等，就像给沙土地上"盖上了厚厚的大被子"，一旦油气进入下面的地层，就有可能形成油气藏。

古潜山油气藏也是一种地层油气藏。潜山油气藏是指古地形凸起被上覆不渗透层覆盖形成圈闭，油气聚集其中而形成的油气藏。在地质历史时期，由于地壳运动造成不整合面，下伏地层上升，遭受强烈风化。致密、坚硬、抵抗风化能力强的岩层，在古地形上呈现为凸起、小丘。抵抗风化能力弱的岩层，则成为凹地。这样的古地貌，如果保持和延续一个较长的地质历史时期，则这些凸起、小丘，由于遭受各种地质营力的长期风化、剥蚀、溶解，其本来是致密坚硬的岩层，也将被破坏而成为破碎带、溶蚀带，从而具备良好的储集空间和渗透通道。随后当地壳下沉，其上为不渗透层覆盖时，便形成了剥蚀凸起圈闭（图2.62）。组成潜山的地

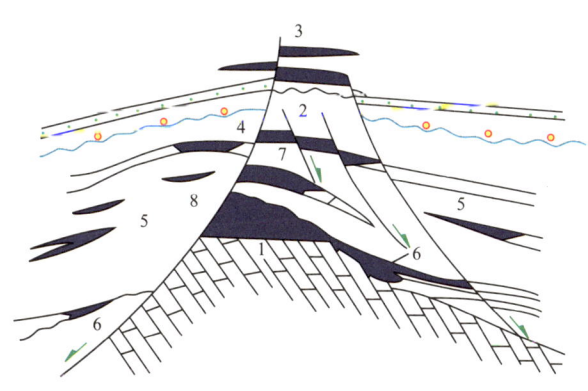

图2.62 潜山型复合油气藏
1—潜山油气藏；2—潜山上方被断层切割的背斜油气藏；
3—浅层背斜和断层油气藏；4—断阶油气藏；5,6—地层尖灭油气藏；
7—潜山上方背斜油气藏；8—岩性油气藏

层多种多样，变质岩、岩浆岩、碳酸盐岩潜山等有利的储层，形成许多大型油田。渤海湾盆地由于经历过整体的抬升与下降，远古时期曾经的山体经过风化，形成了良好的储层，后来山体再次下沉，造就了华北任丘潜山油田的形成。

在一个含油气区，构造油气藏总是最先被发现，随着勘探程度的增加，包括地层油气藏在内的非构造油气藏的比例会不断增加。随着勘探技术的不断进步，在世界各地发现的地层油气藏逐渐增多，它们不仅数量多、分布广，常常储量也很大，其类型也是多种多样。

2.37　多姿多彩的油气藏之三：岩性油气藏

岩性圈闭是指由于储层岩性变化所形成的圈闭，其中聚集了油气就称为岩性油气藏。大多数造成油气聚集的岩性圈闭都是沉积环境的直接产物。

这类油气藏的圈闭条件是由于储油层本身的岩石性质或物理性质变化造成的。同一层沉积物质由于所处水域不同，性质可能会有很大的差别，在深水处形成的是泥岩，在浅水处则可能是砂岩甚至砾岩；或者同是一种岩层，因为沉积环境不完全相同，物理性质也可能不同。比如都是砂岩，而且同是一层，但可能有的地方渗透性较好而有些地方渗透性又较差。这种现象称为岩性变化或相变。在储油层中，岩性、物性的变化在一定条件下也能形成圈闭油气的条件。

岩性油气藏可以划分为三种类型。

第一种是最常见的上倾尖灭油气藏。在形成储集岩上倾尖灭油气藏的圈闭中，砂岩上倾尖灭圈闭最为常见。砂岩上倾尖灭是指砂岩体沿地层上倾方向厚度减薄直至为零。上倾尖灭砂岩主要分布在盆地的边缘或古隆起边缘。

在盆地的斜坡区和边缘地带，由于沉积条件的改变，相带变化快，形成频繁的砂泥韵律层。在横向上，沿地层上倾方向很容易出现砂岩含量减小、泥岩含量增加的现象，形成砂岩向盆地边缘或古隆起方向的尖灭，即为上倾尖灭（图 2.63）。

当一储油层（如砂岩）在其上倾方向逐渐尖灭成不渗透岩层（如泥岩）时，尖

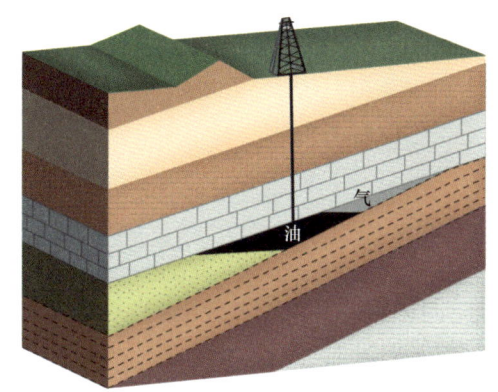

图 2.63　地层上倾尖灭油气藏

灭现象就成了阻挡油气沿储层继续运移、流失的"坝"。油、气被水流携带到这种地段就沿倾斜岩层上浮聚集，形成岩性尖灭油气藏。

第二种是透镜体油气藏。由油气在被泥岩包围的透镜状砂岩中聚集而得名。这种砂岩中间厚、四周薄，从中间向外逐渐尖灭为泥岩。就像被泥岩包裹着的一片片凸透镜，而包围着"透镜"的泥岩就是生油层。在成岩过程中，泥岩中的油、气一方面在毛细管力的作用下置换砂岩中的水，另一方面在上覆岩层的强大压力下被压进透镜体。这种油藏我国也有发现（图 2.64）。

图 2.64　北京西郊的大型透镜体

形成的透镜状或其他不规则状的储集体，可以是泥岩中的砂岩透镜体，也可以是低渗透性岩层中的高渗透带（图 2.65）。

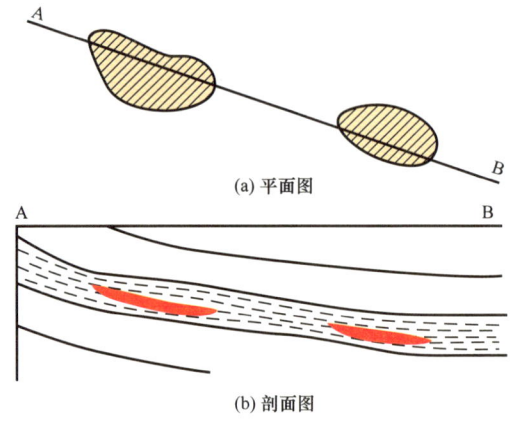

图 2.65 透镜体油气藏

砂岩透镜体一般是沉积环境的产物。透镜状砂岩体分布广泛，各种环境都有分布，例如冲积扇砂岩体，河流环境的边滩、心滩砂岩体，三角洲前缘的河口坝砂岩体，滨浅海（湖）的滩坝砂岩体，深水环境的浊积砂岩体等。这些砂岩体在适宜的条件下都可以形成砂岩透镜体圈闭，进而形成油气聚集。

> **小贴士**
>
> 边滩：河床中依附于岸边、中水位时被淹没但枯水位时出露的泥砂堆积体。可以是孤立的，但更多的是成群分布，在河流转弯段的凸岸常形成固定边滩，在顺直河段边滩常为犬牙交错状分布。它的组成物质多为砂质，冲淤变化迅速，对于河道水流和河床演变有重要影响。
>
> 心滩：位于河心的浅滩。在河床突然加宽处，由于河水流速降低，在河底受两股相向的底流作用，于是侵蚀两岸，而在河床底部堆积逐渐形成心滩。每当洪水期间，心滩就增大淤高，顶部覆盖了悬移质泥砂，发展成经常露于水面之上的江心洲，又称沙岛。

第三种是生物礁油气藏。由珊瑚、层孔虫、苔藓虫、藻类、古杯类等造礁生物组成的、原地埋藏的碳酸盐岩建造。生物礁中除造礁生物外，还会掺有海百合、有孔虫等喜礁生物，不同地质时代有不同的造礁生物。

生物礁圈闭即由于礁组合中具有良好孔隙、渗透性的储集岩体被周围非渗透性岩层和下伏水体联合封闭而形成的圈闭。若其中聚有油气则形成生物礁油气藏（图 2.66）。

岩性油气藏在形成和分布条件方面更具有优势：岩性圈闭在岩石形成的初期就可能形成，可以多次形成，有利于捕集更多的油气；仅靠油气初次运移和短距离的二次运移就可以成藏，不需要长距离二次运移；岩性油气藏烃类充注期相对比较早；岩性油气藏保存条件更为优越。

在我国的东部盆地，特别是渤海湾盆地、松辽盆地和二连盆地，西部的准噶尔、塔里木、三塘湖等盆地，随着勘探程度的提高，油气勘探难度不断加大，岩性油气藏已成为重要的勘探对象及增加油气储量的重要发展方向。

图 2.66　野外的生物礁岩石露头

> **小贴士**
>
> 二连盆地在内蒙古中部，东西长约 1000 千米，南北宽 20～220 千米，面积 10 余万平方千米，是我国陆上大型沉积盆地之一。呈北东向展布，东侧为大兴安岭隆起，北界为巴音宝力格隆起，南界为温都尔庙隆起，西界为索伦山隆起。

2.38　多姿多彩的油气藏之四：火山岩油气藏

火成岩是天然的高温熔融物质（岩浆）在地下深处向地表下浅层流动或流至地面，在接近地表或喷出地表后冷却固化而成的岩石，包括火山岩和侵入岩。

火山岩流在冷却过程中放出气体，发育很多气孔和裂缝。气孔和裂缝相互连通形成储油条件，就形成火山岩油层。

我国多年来以在沉积岩中寻找油气资源为主，石油地质工作者经过长期勘查研究发现，在火山岩中也能找到石油和天然气，因为其同样具备油气成藏条件。世界上已发现数量较多的火山岩油气藏，几乎遍及各大洲。但大多数火山岩油气藏规模不大，储量也小，与世界上占主导地位的砂岩油气藏和碳酸盐岩油气藏相比，前者近 60%，后者近 40%，而火山岩油气藏占不到 1%（图 2.67）。

图 2.67　出露地表的火山岩（据苏德辰，2017）

　　火山岩的孔隙，可以成为良好的油气储集空间。只要具有孔隙、孔洞或裂缝，而且这些孔隙、孔洞或裂缝是互相连通的，这样的岩石就可能成为油层。多孔的砂岩可能成为油层，具有裂缝的泥岩也可能成为油层。碎屑石灰岩和生物石灰岩可能因为多孔而成为油层，而化学沉积的致密石灰岩可能因为后生作用产生裂缝、溶洞而成为油层。古老的火成岩、变质岩组成的基岩也就可以成为油层。所以，当我们在一个地区开始进行石油勘探时，绝不能机械地、片面地只着眼于某一种油层类型，而应该对各种具备储油条件的岩石都加以注意，着眼于多种类型的油层。

　　我国的火山岩油气藏主要分布在西部古生代含火山岩油气盆地，如准噶尔盆地石炭系、三塘湖盆地石炭系、塔里木盆地二叠系和四川盆地二叠系等，以及东部中生代—新生代含火山岩盆地，如松辽盆地白垩系、渤海湾盆地古近系—新近系等。

火山碎屑岩储层可以分为正常火山碎屑岩型和火山碎屑沉积岩型两种储层，前者是由火山爆发形成的碎屑直接堆积而成，而后者是火山物质经风化、搬运、沉积而成，其形成过程和正常沉积岩相同。两者在空间展布和孔隙度特征上显著不同。正常火山碎屑岩型储层的岩石类型是火山角砾岩和凝灰岩，空间上呈火山锥体形状分布。靠近火山口附近，以火山角砾岩为主，厚度大；远离火山口主要由凝灰岩组成，厚度变薄。火山碎屑沉积岩型储层的岩石类型主要由同期喷发的火山碎屑和一定数量的陆源碎屑混合沉积而成的。通常情况下分布在近火山口附近，平面上呈带状、扇状分布，厚度比较稳定，这类储层往往距离烃源岩较近，是油气储集的良好场所（图 2.68）。

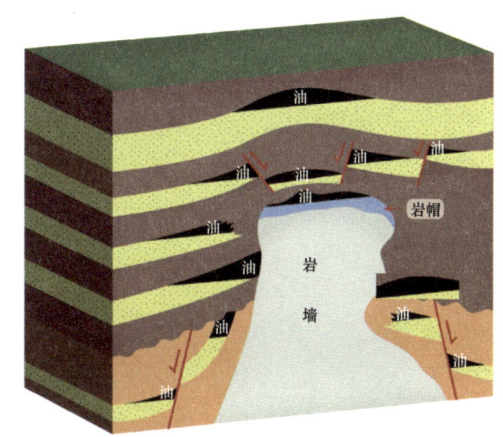

图 2.68 火山岩墙遮挡油气藏

火山碎屑岩型储层的储集空间主要是原生孔隙，包括角砾岩、凝灰岩中的角砾间或碎屑间的粒间孔和火山熔岩颗粒间的粒间孔、气孔等，还有后期溶蚀、蚀变作用形成的溶蚀孔、溶蚀洞等次生孔隙，以及在断裂活动和区域应力作用下形成的综合交错的裂缝系统，为油气的储存提供了很好的场所。

2.39 多姿多彩的油气藏之五：碳酸盐岩油气藏

碳酸盐岩油气藏是指在石灰岩、白云岩等类型的碳酸盐岩圈闭中所形成的油气聚集。据统计，碳酸盐岩的油气储量占世界石油总储量的一半左右，产量占总产量的 60% 以上，而且日产上千吨的高产油井多半是在碳酸盐岩的油田中。

碳酸盐岩的形成，和砂岩、泥岩的形成相似，有的是生物残体物质堆积而成，也有一些是水溶液的化学沉积。它的各种类型变化主要受沉积物所在地的水流和波浪条件的控制。在水流作用活跃的地区，常常形成分选良好的碎屑石灰岩，这和在水动力强度大的条件下形成的砂岩、砾岩相当。在水动力强度小的地区，经常形成一些富含碳酸盐的灰泥岩，这种岩石结构致密，和在水动力强度弱的条件下形成的泥岩、页岩等类相当。介于这两者之间，还有很多类型的碳酸盐岩（图2.69）。

图 2.69 碳酸盐岩地貌（据苏德辰，2017）
碳酸盐岩形成的溶蚀孔、洞、缝是油气良好储层

碳酸盐岩的颗粒大多很细，相当于粉砂岩的颗粒。碳酸盐岩的孔隙和砂岩的孔隙有类似之处，不过，碳酸盐岩的储油空间更广阔一些，这是因为碳酸盐岩形成后，由于大气中的二氧化碳溶解于水形成碳酸，含有碳酸的水沿着岩石的裂缝和孔隙渗于地下，对于碳酸盐岩岩石起着溶解作用，使原来的孔隙和裂缝不断扩大，日久天长，便形成溶洞。溶洞有大有小，大到几十立方米，小到几立方毫米。因此，碳酸盐岩的储油空间除了孔隙和裂缝，还有溶洞。

生物灰岩油层是由远古的生物礁体和沉积物的小颗粒及灰泥质组成。生物礁体是生物遗体经过水流和波浪作用而形成，如珊瑚、层孔虫、钙藻、海绵等生物礁体。这些生物礁体都有本身体腔形成的原生孔隙，而且礁体中各种碎屑颗粒和生物小碎屑之间也存在许多孔隙，形成良好的储油空间。

除了石灰岩，还有一种非常重要的碳酸盐岩——白云岩，这也是非常重要的油气储层。据全球 226 个大中型以上碳酸盐岩油气田（占全球碳酸盐岩油气储量的 90%）的统计，有 102 个油气田和 50% 的储量分布于白云岩储层中（图 2.70）。

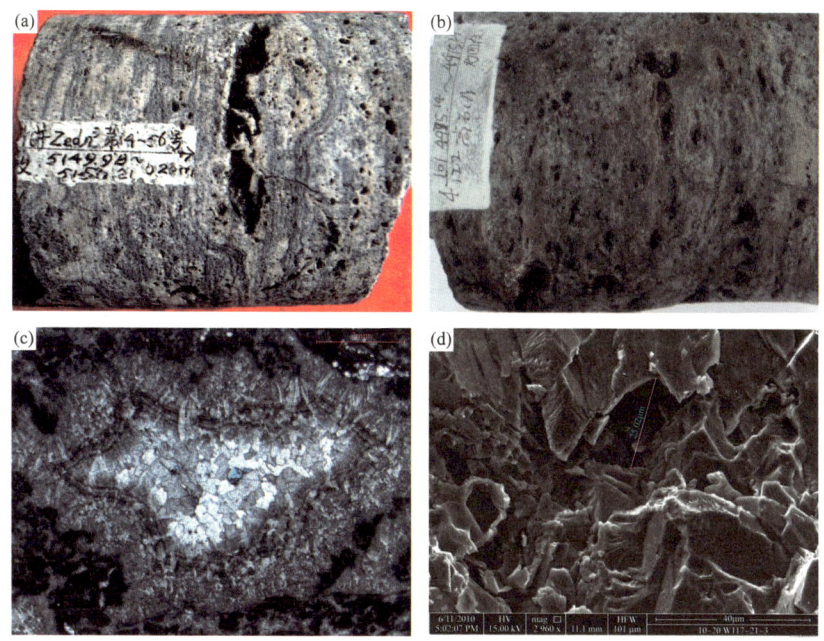

图 2.70 四川盆地震旦系灯影组白云岩

（a）蓝细菌层纹石白云岩，岩心照片，高科 1 井，5150.21 米；（b）蓝细菌层纹石白云岩，岩心照片，高石 1 井，4975.29 米；
（c）蓝细菌层纹石白云岩，四周为原岩，中间为溶洞，残留的溶孔中有沥青充填，单偏光薄片照片，四川峨边先锋 1 剖面；
（d）蓝细菌层纹石白云岩，见溶孔及微孔，扫描电镜照片，威 117 井，3015.41 米

我国海相碳酸盐岩分布面积大于 455 万平方千米，勘探领域广，油气资源丰富，如塔里木盆地、四川盆地、鄂尔多斯盆地和渤海湾盆地等均取得令人瞩目的勘探成就，预测石油地质资源量约为 340 亿吨，天然气地质资源量为 24.3 万亿立方米。总体来看，油气资源探明率极低，勘探潜力很大。海相碳酸盐岩的地质时代大多较古老，埋藏较深，一般超过 5000 米，后期改

造强烈，分布较广，与沉积时的岩相古地理关系密切。沉积地层多为古生界和中生界的中下部层系，上覆巨厚的中生界—新生界。因此海相碳酸盐岩多发育于沉积盆地的深层，如塔里木盆地的震旦系—奥陶系、四川盆地震旦系—古生界和三叠系、鄂尔多斯盆地奥陶系等，储层均经历了复杂的构造运动改造和成岩作用改造，其中抬升溶蚀作用和白云岩化作用的改造影响最为关键。

近几十年以来，大型油气藏的发现大多与海相碳酸盐岩有关，如威远、靖边、塔河、普光、元坝、安岳等气田，由此可见，海相碳酸盐岩的油气勘探潜力巨大。

> **小贴士**
>
> 对方解石或文石的交代作用，称白云石化作用。白云石化是个非常复杂的理论问题，它牵涉到白云岩的成因，而且有重大的实际意义。理论上，由文石转化为白云石时通过晶体的体积缩小而产生 6.15% 的晶间孔隙，使岩石变得多孔，晶体的体积缩小或孔隙的增加还会略多一些；由方解石转化为白云石时，由晶体体积缩小而产生晶间孔隙理论上可高达 14.81%，实际在 10%～12% 之间，使岩石变得更加多孔。

2.40　多姿多彩的油气藏之六：基岩与变质岩油气藏

基岩是陆地表层中的形成年代非常久远的坚硬岩层。一般多被土层覆盖，埋藏深度不一，少则数米到数十米，多则数百米。由沉积岩、变质岩（图 2.71）、岩浆岩中的一种或数种岩类组成，可作大型建筑工程的地基。

古老的岩石（如岩浆岩、变质岩），在地表受风化剥蚀作用后，形成风化孔隙带，或是在构造运动的作用下产生的断层、节理、裂隙，经过风化后，形成更广阔的孔隙空间。这些岩石抵抗风化的能力各有不同，抵抗风化能力强的形成凸起的地形，抵抗风化能力弱的形成凹下的地形。被不渗透的岩层覆盖后，形成良好的储油空间。这就是基岩油气藏。基岩油气藏一般都是由几亿年甚至十几亿年前形成的非常古老的岩石层构成。

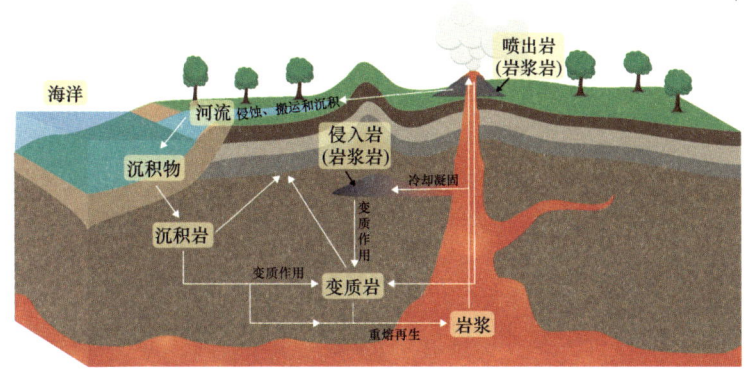

图 2.71　变质岩的形成原因示意图

与成层性良好的沉积岩油气藏相比，基岩油气藏属于特殊类型的油气藏，包括基岩风化壳型油气藏、基岩断裂破碎带型油气藏和潜山内幕型油气藏三种类型，与构造特征明显的潜山油气藏相比较，其更强调岩性特征。全球已超过 30 个盆地中发现了基岩油气，主要发育在构造活动强烈的裂陷盆地、走滑盆地和前陆盆地；基岩油气来源于周围毗邻多洼陷的烃源岩层段，储层的储集空间分为顶部风化壳溶蚀孔洞和内幕网状裂缝系统。

基岩风化壳型油气藏：主要由于地壳抬升、盆地内的基岩长时期出露地表遭受风化剥蚀，顶部油气藏以基岩风化壳为储层，被后期沉积的地层覆盖，形成以风化溶蚀的孔洞缝为主的油气藏。此类油气藏较常见，如我国胜利油田的王庄变质岩油气藏，辽河东胜堡潜山、齐家潜山、兴隆台潜山、内蒙古哈南潜山等油气藏。

> **小贴士**
>
> 风化壳是指地质历史时期曾出露地表的地层，在经过一定时期的风化剥蚀，形成明显的风化剥蚀带后，再经过埋藏压实固结所形成的"壳体"或"壳带"。
>
> 风化壳是岩石圈、生物圈、水圈和大气圈相互作用的产物。风化壳的研究对找矿、研究自然环境变迁、土壤发生和演化，以及土地利用等均有一定意义。

基岩断裂破碎带型油气藏：由于基岩受构造作用产生断裂破碎，形成的构造裂缝及次生溶蚀孔洞储油，油气分布主要受构造作用控制，而不像风化壳型油藏那样主要受风化作用的深度控制。如辽河大民屯油藏，由于受构造作用产生裂缝及次生孔洞缝，油气主要分布在距顶部风化面 300～800 米的深度范围，靠近顶部风化面以下的 200 米范围内基本无油气。

潜山内幕型油气藏：主要是由于变质岩力学性质不同，在构造应力作用下变质岩内部产生裂缝，形成储层，以内幕非渗透层作为盖层，形成自身储盖组合条件，油气运聚其中，形成潜山内幕型油气藏，如辽河油田的兴隆台变质岩潜山内幕型油藏（图 2.72）。

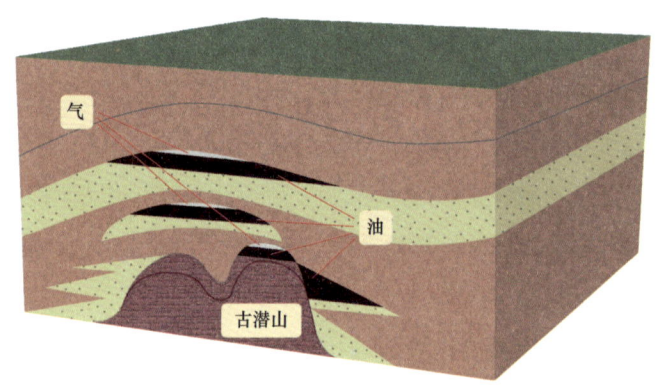

图 2.72　古潜山内幕型油气藏形成示意图

中国变质岩气藏或油气藏不多，目前仅发现了辽河油田的齐家潜山南山头小规模的气藏，辽河兴隆台距今大约 25 亿年前形成的太古宙小规模的气顶油气藏，渤海湾锦州 20-2 潜山凝析油气藏。但后两个油气藏其基岩潜山储层似乎与其上的沉积岩储层连通，因此并非单纯的变质岩油气藏。

2.41　我国近海的"聚宝盆"

我国有着漫长的海岸线，自 20 世纪 60 年代起，科技工作者们先后对近海主要海域进行了地球物理勘探和钻探，结果表明渤海、黄海、东海、南海这四大海域理论上赋存丰富的油气资源。经过近50年的实践,在渤海湾、珠江口、琼东南、莺歌海、北部湾、南黄海及东海陆架盆地除了发现丰富的煤炭矿产之外,还先后发现良好生烃母质和含油气构造,并实现部分井的商业化开采。

大陆边缘盆地在地理上处于海陆过渡带,其海相烃源岩虽沉积于潮下的浅海—半深海环境,但普遍含有陆生高等植物的组分,那是由雨水、河流奔腾不息地把陆上的植物和植物碎屑源源不断地带入海洋而造成的,这在很大程度上控制了油气的成因及分布。

中生代—新生代的大陆边缘盆地海相烃源岩有明显的陆源有机质输入,这可能是由其独特的地理环境决定的。大陆边缘盆地海相烃源岩的发育与河流营力关系密切,大陆边缘盆地不仅聚集了近岸高初级生产力形成的海洋(自生的)有机碳,也容纳了河流输入的陆源(外来的)有机碳,尤其对于大河影响下的边缘海,一般情况下河流会带来大量高等植物碎屑,其中90%沉积于陆架边缘海,10%沉积于外陆架和大洋(图2.73)。

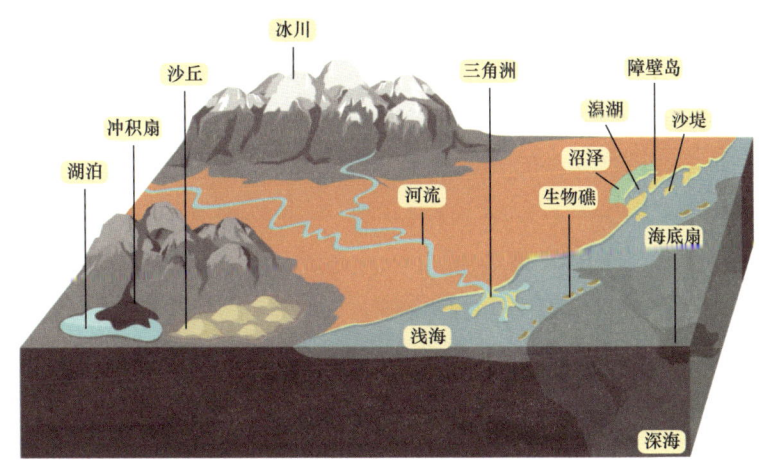

图2.73 近海沉积环境分布特征

由于陆源高等植物的抗降解能力较强,经水的分解后,"永久"保存下来并进入底层沉积物的陆源有机质约占其输入量的30%,而海洋有机质仅有 10% 左右，陆源有机质对海洋沉积物的贡献明显，故形成的烃源岩虽沉积于海相环境而富陆源有机质，陆源有机质的输入为油气的生成提供了物质基础。除此之外，陆源有机质还是海洋微生物的碳源，促进和提高了海洋自身的有机质生产力，间接促进了海相生油母质的形成。陆源有机质的输入是决定大陆边缘盆地海相烃源岩成因的最主要因素之一。由于陆源有机质的输入，大陆边缘盆地普遍发育易于产生天然气的烃源岩，实际勘探中，海相碎屑岩系普遍贫油富气的现象也印证了这一点。

大陆边缘盆地海相烃源岩虽沉积于海相环境，但具有明显的陆源有机质输入。大陆边缘盆地油气性质复杂，具有陆源有机质的重要贡献是其突出的特点之一。

大陆边缘盆地海相烃源岩的发育与河流营力关系密切，河流带来的大量高等植物碎屑，不仅为油气的生成提供了物质基础，还促进和提高了海洋自身的有机质生产力，直接或间接地促进了海相生油母质的形成。

我们就可以勾画出一幅远古的自然景观图了：在中国近海地域，随着地壳的抬升与下降，海水忽进忽退（当然这种变迁也都是以几万年、十万年甚至百万年为时间单元的），将丰富的陆生植物、动物的遗体冲刷带入海洋，与海洋中丰富的生物体混合在一起，为煤炭、石油和天然气的生成与聚集奠定了基础，成为现代人类的"聚宝盆"。

> **小贴士**
>
> 河流营力：又称河流的地质作用，包括（1）侵蚀作用：河流的侵蚀作用包括机械侵蚀和化学侵蚀两种。（2）搬运作用：河水在流动过程中，搬运着河流自身侵蚀的和谷坡上崩塌、冲刷下来的物质。（3）沉积作用：当河床的坡度减小，或搬运物质增加，而引起流速变慢时，则使河流的搬运能力降低，河水携带的碎屑物便逐渐沉积下来，形成层状的冲积物，称为沉积作用。

2.42 油气田的破坏

在油气田中聚集起来的石油和天然气既不可能在那里永久保存下去，本身也不可能长久不发生变化。它们或者因为圈闭条件被破坏，或者因为储油层物理性质被改变，或者因为种种原因，本身改变了性质，变成了其他物质。

地下"油库"和"气库"也时常会被"洗劫"一空，如在一个构造上打井，光见到一些油气显示，如沥青、黑油砂、油迹等，但一经测试产出的全是水。原来那些油气显示只能证明油气曾经储存过，人们见到的是一些残迹。

圈闭条件的破坏：圈闭条件被破坏的原因之一是构造运动。构造运动始终普遍地存在于地壳之中。它有时为油气的聚集提供有利条件，有时又成为油气藏破坏的直接原因。由于地壳的褶皱、扭转、挤压等作用，可能在已经形成的油气田中造成一些与地表连通的断裂和缝隙。圈闭条件被破坏的另一个原因是剥蚀作用。日复一日、年复一年的风化剥蚀作用使油气田的上覆地层逐渐减薄，致使储油层直接或间接地暴露于大气之中。已经聚集的油气就通过这些裂缝、露头渐渐流失（图 2.74）。

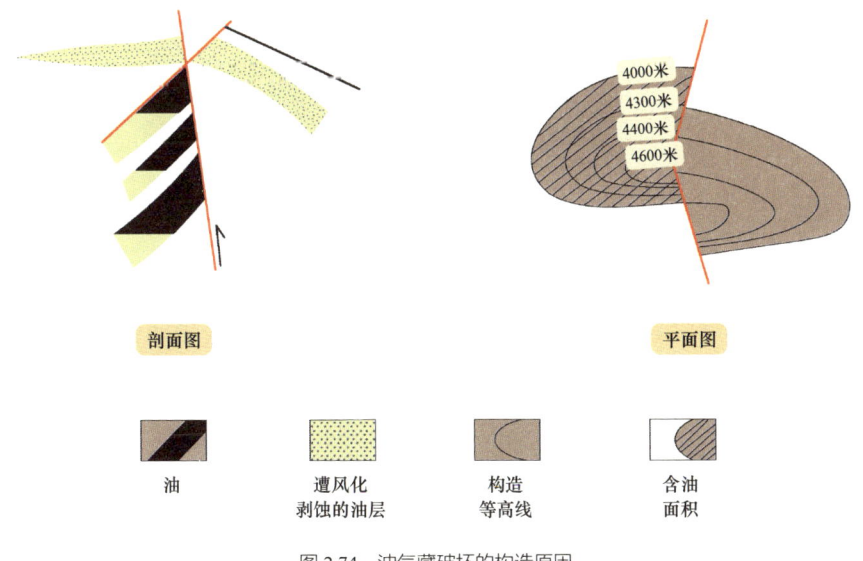

图 2.74 油气藏破坏的构造原因

储油层物性的改变：储油层因具有渗透性而能储集油和气，但有时由于各种变质作用，如高温熔融状态的岩浆间的接触变质作用、强烈地壳运动所产生的动力变质作用等，可以使储油层失去渗透性；从而使油气藏遭到破坏。

水动力条件的改变：有时油气藏的圈闭条件未遭破坏，储油层的渗透性也没有改变，但油气藏的水动力条件改变了，也会使油气藏遭到破坏。例如当地壳运动使储层的供水区与泄水区之间的相对高差增大时，由于流动压差增大了，储层中的液流速度就将增大。速度加快了的水流有了足够大的力量就能克服阻力直接流过背斜，于是原来已在这里形成的油气藏就被水动力所破坏（图2.75）。

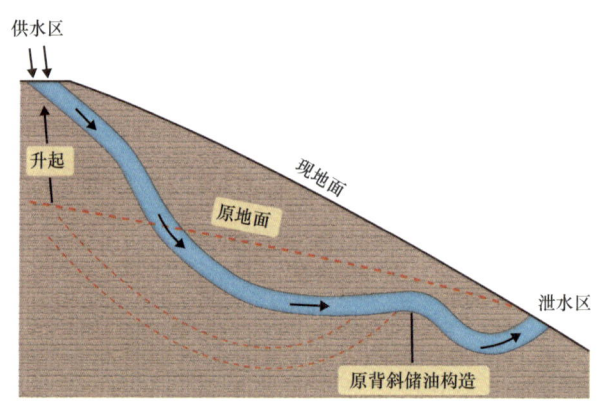

图2.75　油气藏破坏的水动力原因

生物降解和水洗作用：虽然是两种作用，但它们经常是同时发生并都与地下水的活动有关。大气水把溶解的氧和微生物带入油气藏并运移到油水界面处，所谓生物降解作用就是微生物有选择地消耗某些烃类成分，就是那些在油藏内以石油有机组分为养分的细菌把石油分解，或者"吃"光了！水洗作用是在地下水沿油水界面运移的过程中，溶解原油中某些易溶的成分。通过水洗作用同样使原油的成分发生改变，与生物降解作用在地下很难区分开来。由于它们的共同作用，往往在油水界面处形成难以开采的沥青垫。所有这些作用一般都发生在有大气水侵入的浅处或与地表有连通的地方。

同世界上的任何事物一样，油气藏或油气田从它形成时开始，就处在变化、运动之中。在这个过程中当聚集的速度超过了分散、变质的速度，它就走向形成，反之，则走向破坏。油气田的存在就是聚集和分散、形成和破坏这一对矛盾在油气运移中不断地自行产生又不断地自行解决的过程。

2.43 油气田的再生与演变

油气田破坏之后，一切就都完了吗？不！还存在，只是可能换了一种表现形式。

从被破坏的油气田中散失出来的油气或者随水流到地表，或者通过其他渠道流到地表，进入大气。在地表和大气里，它们和其他物质发生反应，又开始了新的运动。

那些没有变质，没有扩散、流失，继续在地下运移的油气，如果遇到了有利于聚集的条件，又将再次聚集，形成新的油气藏和油气田。这就是油气田的再生。这种油气田称为次生油气田。在广阔的地壳中，有利于油气聚集的地方本来就不少，那些引起原有油气田破坏的力量又很可能同时在另外的地方为油气建造起新的"仓库"了。

流失、变质作用对地下油气的保存是不利的，但有时它也能变成保存油气的有利条件。比如，有的油藏由于长期遭受风化剥蚀，使部分储油层暴露到地表。如果边水压力不大，石油将只是慢慢地从露头处流出。油中的轻质成分散失入大气，重质成分则被氧化。渐渐地在露头处就形成了固体或半固体状的沥青。当这些沥青完全封堵了油气外流的通道，储油层中剩余的油气就被保存下来。这种油气藏称为沥青封闭油气藏。

就是流失到地表的油气也不是一点好处没有的，它们正好成了人们寻找地下油气资源的一条线索。地质工作者把随地下水和顺着地层裂缝流到

> **小贴士**
>
> 剥蚀作用是继风化作用之后，各种外动力对岩石进一步的破坏作用，并将破坏的产物从原地移开。根据外动力的来源不同分为风的风蚀作用，流水的侵蚀作用，地下水的潜蚀作用，湖海水的湖泊或海蚀作用，冰川的刨蚀作用。剥蚀作用的结果是产生各种成因的地貌形态。

地面的油气叫作油苗或气苗。在世界石油工业的早期，许多油气田是通过油气苗发现的。不过，有油气苗的地方不一定就有油气藏。因为这些油气可能是从离此很远的油气藏中漏失出来的，也可能是在运移途中漏失出来的尚未聚集起来的油气，或者是本地已经破坏殆尽的油气藏的残余（图2.76）。

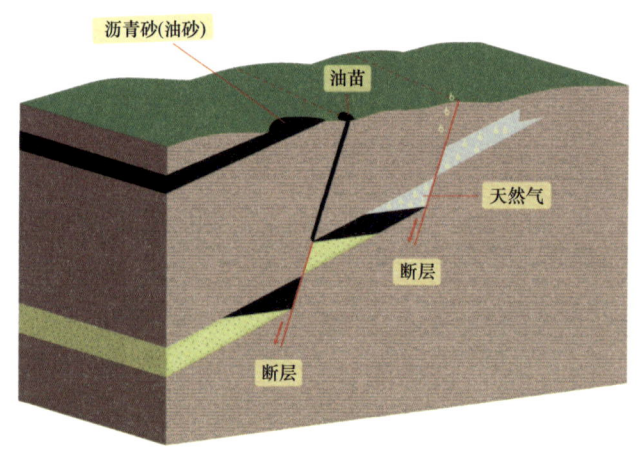

图2.76 出露地表的油苗

有时，一些被破坏的油藏还会演变成另外一些矿藏。

石油是一种碳氢化合物的复杂混合物。碳氢化合物还有一个名字叫"烃"。烃又分烷烃、环烷烃和芳香烃。当富含烷烃的石油在地下冷却时，溶解在石油中的固体烷烃呈晶体析出，这种固体碳氢化合物称为地蜡。地蜡在地下的聚集叫地蜡矿。

地蜡又叫山蜡、石化蜡、岩蜡和矿物蜡，是一种透明的黄色至暗棕色矿物，外观上很像蜂蜡。相对密度在 0.9~0.94 之间。它的主要成分是石蜡（$C_{17}H_{36}$—$C_{37}H_{76}$）和针形蜡（$C_{37}H_{76}$—$C_{53}H_{108}$）。

地蜡矿因为成因不同可以分为原生和次生两种。原生地蜡或呈层状存在于原来的含油层中，或呈脉状充填于岩石的裂缝、节理之中，形成层状、脉状、网状或窝状的地蜡矿。次生地蜡矿，是地蜡矿遭到风化剥蚀后，由风力或水力将被剥离的破碎地蜡粒、地蜡块搬运到别处堆积起来形成的。有的次生地蜡矿是由于构造动力或气体压力的作用将具有极大可塑性的地蜡从原生地压向附近的断层、裂隙或孔洞之类地方形成的。

地蜡在工业上有着广泛而重要的用途，但在世界上却出产不多，是一种宝贵的矿产。

还有一种石油富含沥青质。这种石油运移到地表后，轻质成分散失，重质成分被氧化，就形成一种有用矿产——地沥青。地沥青的前身是重质石油被初步氧化的产物——黏稠的黑色半固体状软沥青。地沥青被进一步氧化就成了含胶质和沥青质更多而且硬度更大的石沥青。

地沥青有多种产状，常见的有沥青脉、层状沥青、沥青湖、沥青丘等。

拉丁美洲的特立尼达岛上有世界最大的沥青湖，湖的面积达 47 公顷。它是重质石油沿地层裂缝流到地面后在低洼处聚集起来，经长期氧化形成的。湖的边缘是已经形成的地沥青，向湖心则逐渐变成了正在氧化中的软沥青。在湖中心深处，还可以获得浓稠的沥青油。

沥青在建筑、铺路、电器绝缘及制造生橡胶方面都有重要用途。我国在新疆克拉玛依地区、四川北部、青海西部等也有地沥青产出。

三 展露头角的非常规油气资源

近年来,"非常规油气"不时见于各类媒体,从油气行业的一个专业术语成了寻常百姓耳熟能详的热点词汇。那么,什么是非常规油气,与常规油气有什么区别,有哪些类型,开发方式、开采技术是否与常规油气一样,资源储量是否丰富?

3.1 "非常规"油气——能源家族的新成员

20世纪70年代,法国石油地质学家蒂索(B. P. Tissot)提出了干酪根晚期生烃学说,使油气有机生成理论深入人心,成为全球油气勘探的主导理论。在此理论指导下,地质人员找到了背斜油气藏、断块油气藏、岩性地层油气藏等,这些油气藏通常被称为常规油气藏。

20世纪30年代,美国学者威尔逊(W.B.Wilson)首次预测了当时一些没有勘探价值的"非常规油气藏"的存在。20世纪80年代以来,一些不同于传统构造油气藏的非常规油气资源,比如页岩气、致密砂岩气、页岩油等资源在全球逐渐成为油气储量和产量增长的重点领域和研究热点。

比较统一的观点认为,非常规油气具有与常规油气完全不同的地质特征,是石油地质学发展的一个新兴学科方向,一般指在现有技术条件下不能用传统技术开发的油气资源。通常分为非常规石油资源和非常规天然气资源两大类。前者主要包括致密砂岩油、致密灰岩油、重(稠)油、油砂油、页岩油、油页岩等,后者主要指致密砂岩气、煤层气、页岩气、天然气水合物等(图3.1)。

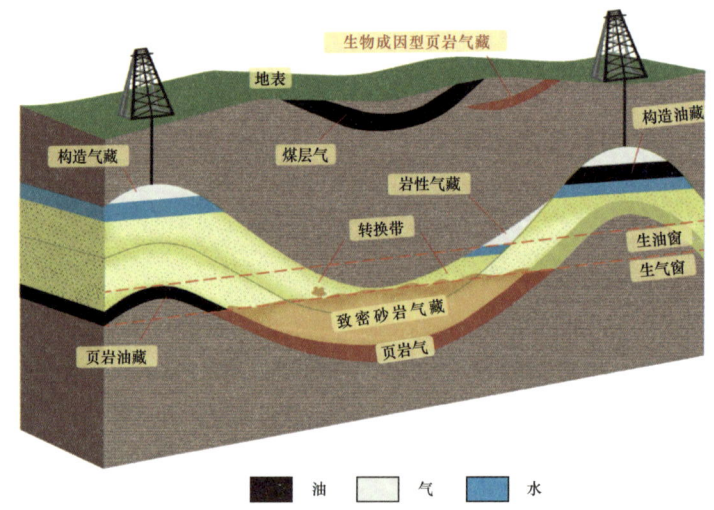

图3.1 各种油气藏分布示意图

非常规油气有两个关键标志：油气资源大面积连续分布，圈闭界线不明显；烃源岩与储层共生或临近，需要采用特殊的开采技术才能获得产量。

当前，我国油气开发从常规油气资源向非常规油气资源发展，勘探开发理论从"源储分离"向"源储一体"、连续型油气聚集、常规—非常规共生富集、人造油气藏等方向发展，勘探开发尺度从厘米级、微米级向纳米级拓展，油气勘探开发进入新的阶段（图3.2）。

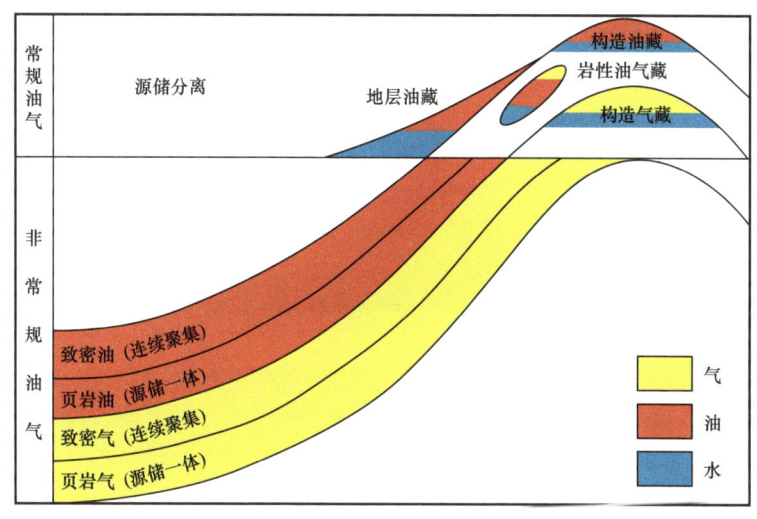

图 3.2 常规油气藏与非常规油气藏的对比

3.2 "网红"能源——页岩油气

近年来，在各种媒体上，不时出现"页岩油""页岩气"的报道，尤其是美国通过"页岩革命"实现能源独立，改变了美国的能源政策，也改变了世界能源格局。

页岩，是自然界很常见的一种沉积岩石，多为非常致密的含有沥青质或富含有机质的暗色、黑色泥页岩和高碳泥页岩类，以黏土类矿物（高岭石、水云母等）为主，黏土矿物含量达30%~50%，还有15%~25%的粉砂质（石英颗粒）和4%~30%的有机质。页岩具有明显的薄层理构造，会呈薄厚不一的片状。按成分不同，分为碳质页岩、钙质页岩、砂质页岩、硅质页岩等。页岩抵抗风化的能力弱，在地形上往往因侵蚀形成低山、谷地。页岩不透水，往往成为地下水层内的隔水层。浸水后易发生软化和膨胀，抗滑稳定性极差（图3.3）。

图3.3 野外页岩露头（左）与页岩岩心（右）

页岩油气是指以页岩为主的页岩层系中所含的油气资源，页岩既是生成油气的烃源岩，又是储集油气的储层。传统石油地质认为，页岩是生产油气的烃源岩，本身因为极其致密的岩石条件难以储集油气，所生产出来的油气很快会排出并运移到砂岩、石灰岩中聚集成藏。勘探实践证明，页岩不仅能"生"油气，还能"储"油气，自生自储，原地聚集。可以说，页岩油气是非常"懒"的一种资源，一点也不想运动（运移）；也可以说，这是一种"恋家"的资源，从出生到被发现，一直"宅"在家里（图3.4）。

页岩油气是一种储量非常巨大的非常规能源资源，广泛分布于世界各大洲。随着勘探和开发等方面技术的进步，人们越来越多认识到页岩油气的勘探意义，使得页岩油气在世界油气可采资源中的占比越来越高，成为最具价值的非常规油气资源之一。

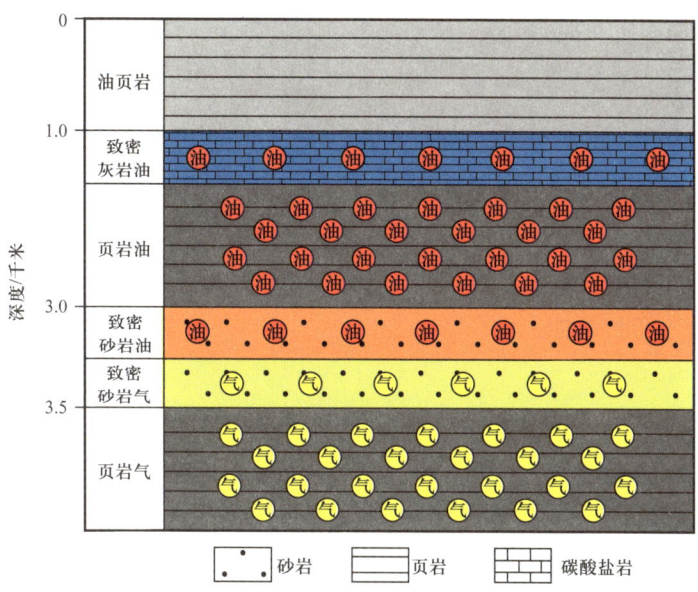

图 3.4　页岩层系油气聚集模式

　　页岩油气藏常常深埋在地下，难以直接开采，页岩储层非常致密，油气可以游离状态存在于天然裂缝和孔隙中，但更多的是以吸附状态吸附于干酪根、黏土颗粒表面。页岩极其致密，其孔隙和裂缝通常达纳米级，常规的开采方式难以产出，需要通过水力压裂人工造裂缝的方式，将页岩中的油气开采出来（图 3.5）。

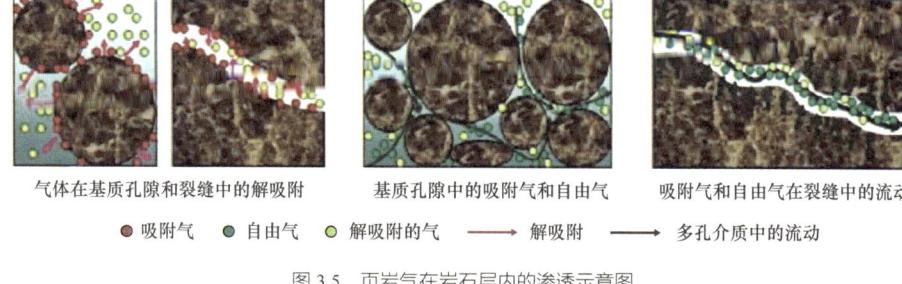

图 3.5　页岩气在岩石层内的渗透示意图

　　中国含油气盆地以陆相生油为主，因此页岩油也以陆相页岩为主，广泛分布于松辽盆地、渤海湾盆地、鄂尔多斯盆地、柴达木盆地和准噶尔盆地、

四川盆地页岩气勘探开发视频

吐哈盆地等大中型盆地。而页岩气则主要分布于海相沉积的四川盆地，该盆地海相沉积较早，页岩埋藏较深，地层温度、压力高，以生成天然气为主。

中国近年来大力加强页岩油气勘探开发，页岩油气取得了巨大进展。2022年页岩气产量达到240亿立方米，成为世界第二大页岩气生产国，页岩油产量突破300万吨，相信不久的将来，中国"页岩革命"也将实现。

> **小贴士**
>
> 水力压裂：利用地面高压泵，通过井筒向油层挤注具有较高黏度的压裂液。当注入压裂液的速度超过油层的吸收能力时，则在井底油层上形成很高的压力，从而在深层岩层中形成裂缝，石油和天然气可通过该裂缝流动。

3.3 致密油是怎样形成的？

"致密油"是近来频频出现在各种文献上的一个"时髦"名词，最早于20世纪40年代由美国石油地质家提出来，是指储集在渗透率小于0.1mD的致密砂岩、致密碳酸盐岩等储层中的石油。单井一般不能自然产出石油或者产出的石油太少，但在一定技术措施下可以获得工业性石油产量。

随着非常规连续型油气富集理论的发展，致密储层中纳米级孔隙系统及其中赋存石油的重大发现，为非常规致密砂岩、致密石灰岩油气的确定提供了科学依据。它突破了常规圈闭和常规储层高部位富集和找油的常规理论，为非常规油气资源的勘探和开发奠定了重要的理论基础（图3.6）。

如果说页岩油气是"宅家"的懒家伙，那致密油算是"勤快"一点。致密油的特点是，石油形成以后的运移距离很短，刚离"家"不远就不动了，即经过短途运移后聚集成藏。大面积分布的优质烃源岩与致密储层紧密接触是致密油短距离运移聚集的重要条件。

中国致密油的分布以陆相沉积为主，受陆相湖盆沉积特征影响，烃源岩分布面积几百至数万平方千米，烃源岩厚度较大（大于30米），有机碳含量可达2%~10%，为致密油的形成提供了丰富的物质基础。

中国致密油的储层类型多、孔隙度较差、非均质性强，储层岩石类型复杂多样，包括致密砂岩、砂砾岩、石灰岩、白云岩、沉凝灰岩等。例如鄂尔多斯盆地三叠系延长组长7油层厚度大（10~30米）、微裂缝发育；储层喉道具有突出的微纳米级孔喉系统特征。

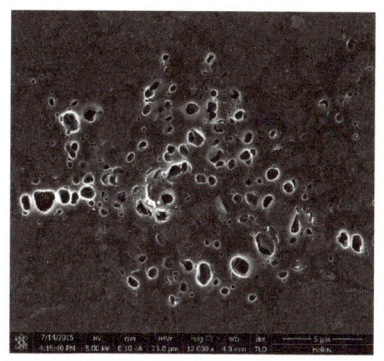
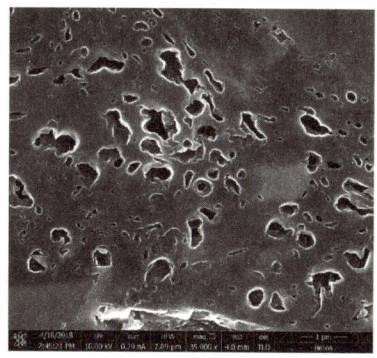

图3.6　可以保存致密油的纳米级孔隙

> **小贴士**
>
> 孔喉连通：岩石中连通不同类型储集空间的狭窄通道。砂岩储层的喉道比较简单，以管状粒间孔隙为主。碳酸盐岩储层的喉道大小、长度、宽度、形状、分布多变而复杂，多为片状型。岩石孔隙喉道是流体流动的通道，是决定储层储渗性能的关键因素。当喉道小至不能克服毛细管阻力时，流体将不会发生流动，而呈束缚状态。

3.4 "煤层瓦斯"也是宝

说起煤层气，人们并不陌生，以前甚至对其"谈虎色变"，这是因为在煤炭开采作业中引起煤矿井下"瓦斯爆炸"（学名"瓦斯突出"）的元凶就是它！

煤层气的学名是"煤层甲烷",这是一种在煤层形成过程中在物理、化学、生物等复杂条件作用下,产生并被封存在煤层内的天然气,是重要的非常规能源。人们对煤层气的利用源远流长,早在18世纪60年代的英国工业革命开始时,就大量投入使用了,当时伦敦街头的路灯所使用的就是煤层气。

人们对"煤层甲烷"的研究,是从预防煤层的瓦斯爆炸和能源利用两个方向展开的。

与常规天然气田不同的是,煤层甲烷常常与煤层内的水共生,所以,煤田的"瓦斯突出"往往会伴有大量的水灌入施工巷道,增加人员逃生的难度。

煤层气的保存与煤层顶底板岩性的关系非常密切。通常情况下,煤层顶底板封闭条件好,煤层含气量会高;反之,如果煤层顶底板封闭条件差,煤层含气量就低。除了煤层顶底板封闭性,断层的发育、地层的倾斜、构造活动、水动力都可能影响煤层气的富集。开放性断层切割煤层,破坏顶底板的封存条件,释放储层压力,导致煤层气大量散失,会相应地减少煤层瓦斯爆炸的危险(图3.7)。

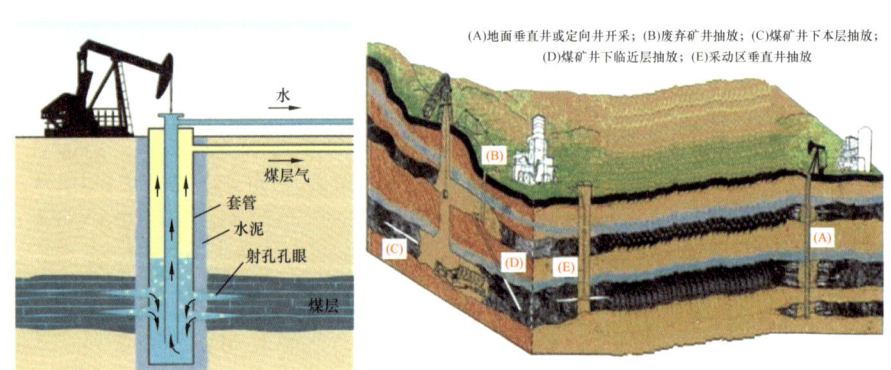

图3.7 煤层气的开采方式

煤层甲烷常常在很浅的煤层内就可发现,在地下与常规天然气有相似的特征,就是在其他地质条件相同的情况下,往往会在构造高部位富集。煤层气大多聚集在宽缓斜坡带的局部构造高点。我国鄂尔多斯盆地东缘大宁—吉县地区构造整体由西向东抬升,在此区域斜坡背景上发育三个局部高点,煤层气高产井均位于三个局部构造高点。

全球煤炭资源非常丰富,几乎遍布世界各地,煤层气可以成为许多地区重要的资源。而且煤层气可以在产地就近利用,不需要进行远距离输送,可以说,"煤矿瓦斯"也是个宝!

3.5 什么是油砂?

油砂(Oil Sand),亦称"焦油砂""重油砂"或"沥青砂"。油砂外观似黑色糖蜜,是地壳表层的碎屑物或岩石与其中所含的水和沥青形成的混合物。

油砂中抽提出的油膏状物质称为沥青,它的密度大于 1.0 克/厘米^3,黏度一般大于 10000 毫帕·秒。油砂的特点明显有别于石油:(1)含有 80%~90% 的无机质(砂、矿物等)、3%~6% 的水和 6%~20% 的沥青,油砂沥青包含烃类和非烃类有机物质,是黏稠的半固体。(2)油砂无法流动,一般不能以钻井开采原油的方法来获取。(3)油砂中的沥青大部分溶于有机溶剂,而有别于油页岩中有机质不能溶于有机溶剂。(4)油砂中的沥青多来自降解作用,正构石蜡烃几乎耗尽,因此饱和馏分中没有或几乎没有正构烷烃。这主要是由于生物降解、轻烃挥发、水洗、游离氧化等冷变质作用,造成油质中的正构烷烃降解和极性杂原子重组分富集的结果。

油砂的开采是"挖掘"石油,而不是"抽取"石油。已露出或近地表的重质残余石油浸染的砂岩,是由沥青基原油在运移过程中失掉轻质组分后的产物(图 3.8)。

图 3.8 油砂的露天开采

世界上油砂矿主要采用露天开采的方式采出，工艺流程一般如下：在探明的油砂矿区剥离表层土或岩石层，将油砂采掘出来，粉碎后用高温碱水冲洗，再用过滤法分离油和砂，用离心机分离油和水，最后炼制成油品（图3.9）。

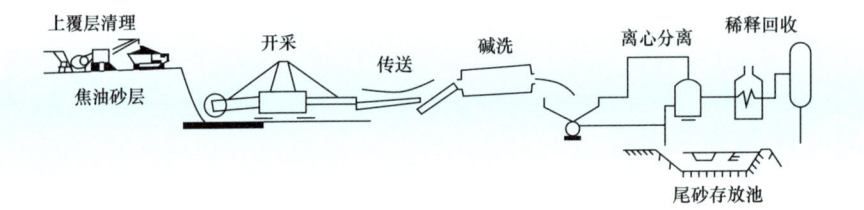

图 3.9　油砂的开采流程

世界油砂资源主要沿环太平洋带和阿尔卑斯带展布，资源极为丰富。油砂资源丰富的国家有加拿大、俄罗斯、委内瑞拉、美国等。其中加拿大是油砂资源最为丰富的国家，约占全球总量的77%，主要集中在阿沙巴斯卡（Ashabasca）、冷湖（Cold Lake）及和平河（Peace River）三个油砂区，面积分别达430万公顷、72.9万公顷和97.6万公顷。

加拿大的油砂由石英砂、泥土、水、沥青和少量的矿物质混合组成，其中沥青含量占10%～12%。总含量达4000亿立方米，其中240亿立方米分布在表层（地下75米以浅）。

我国也是油砂资源较丰富的国家之一，居世界第五位，初步估算可采石油资源量100亿吨左右，主要分布在新疆、青海、西藏、四川、贵州，此外，广西、浙江、内蒙古也有分布。

3.6　为什么有的石油重似沥青而有的又轻如汽油？

原油的轻与重是指相对于水的密度而言。石油的密度变化非常大，在20℃相对密度一般介于0.75～1.00之间。在自然界里常发现相对密度大于

1.00 的石油，油非常黏稠，也有小于 0.75 的石油，从地下深处采出后直接可以用来开拖拉机、摩托车甚至汽车。这是为什么呢？这得从原油的生成时间不同和后来经受的变化来说明（图 3.10）。

(a) 轻质油/凝析油

(b) 重质油/稠油

图 3.10　轻质油/凝析油与重质油/稠油样品

在地下深处，随着埋藏深度的增加，古地温场、古地层压力不断升高。当烃源岩埋藏较浅时（＜1500 米），原始有机物质处于生物化学作用阶段，在细菌生物降解作用下，会产生以甲烷为主要组分的浅层生物气；同时，在较低的温度和压力条件下也可生成部分挥发性气体和低熟油，低熟油相对密度较大（＞0.91）。在埋藏深度为 1500～2500 米时，烃源岩进入热催化生油气阶段，达到成熟阶段的烃源岩中有机质会大量生成油和气。在埋藏深度为 2500～3500 米时进入高成熟阶段，生成过成熟原油，其相对密度较小，属轻质油。而当埋深为 3500～4000 米时，则进入热裂解凝析气阶段，在地下高温高压条件下呈气态，但在地面由于温度、压力的降低会凝结成液态轻质石油，也称为"凝析油"，就是那些可以供拖拉机直接使用的"油料"。

重质油是指在地面上温度为 15.6℃和一个大气压条件下相对密度为 0.934～1 的原油。重质油广泛分布于世界各地，其蕴藏量巨大。我国的大庆、辽河、大港、胜利、准噶尔、塔北、柴达木和海上等已发现了数量可观的重质油藏。

自然界大体存在以下几种成因的重质稠油：

边缘氧化成因的重质稠油：一般分布在一个凹陷的边缘斜坡带上端，因后期构造活动使边缘带整体上升，成为油气运移的主要方向。沿不整合面或砂体运移来的油气，易被边缘水交替带中的低矿化度大气水水洗，发生生物降解，形成软沥青、稠油带。如辽河油田的曙光—欢喜岭油田、克拉玛依—夏子街油藏等。

次生运移形成的重质稠油：多产于构造断裂带上。断裂活动使下部原生油藏遭到破坏，油气沿断层上窜，在一些孔隙大、渗透率高的砂岩中聚集，原油遭生物降解变稠。在我国大港油田的港东和胜利油田的浅层中，发现了此类油藏。

油藏底水作用型重质稠油：一般产于埋藏较浅的块状油藏。大型块状油藏内的石油与底部所含的水接触面积大，与底水交替活跃，低矿化度的底水长期缓慢地水洗，促使下部的原油遭受细菌生物降解而成为稠油。在辽河高升油田和胜利孤岛油田均可见到。

风化氧化型重质稠油：后期发生强烈的构造断裂活动可能使早期形成的构造油藏被抬升接近地表，产生的断裂不仅使地表水易于进入油藏，加强了水洗生物降解和地表的风化作用，也常使原来油藏的盖层遭到破坏，致使天然气和油中轻组分大量逸散，最终使原始油藏变成重质稠油。如吉林油田的扶余Ⅰ号重质油藏、冀中宁晋凹陷的晋7井重质油藏等。

重质油的开发要比轻质油难多了，由于黏稠且流动性差，一般要向地下油层中注入热蒸汽，甚至要采用"火烧"油层的技术，还需要井筒加热，才能使它流到地面上（图3.11）。

> **小贴士**
>
> 地温场：地球内部热能通过导热率不同的岩石在地壳上的表现。地表之下，地温随埋藏深度的增加而有规律地增加。一般将深度每增加100米所升高的温度，称为地温梯度。地温梯度一般在3.5℃/100米。

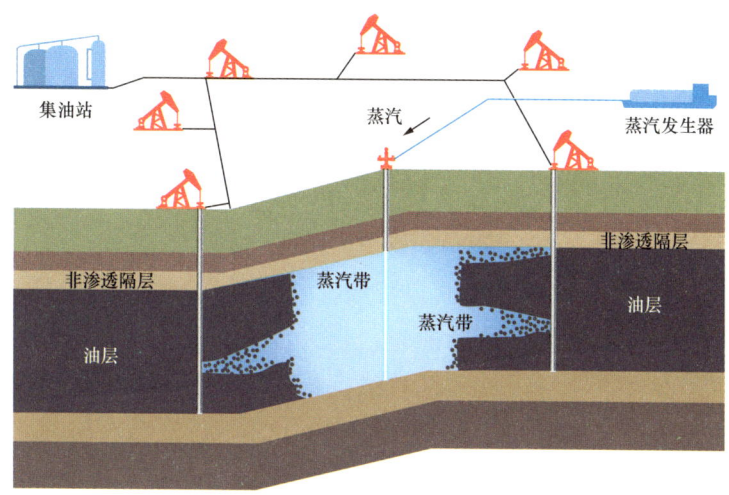

图 3.11 重质稠油的热开采技术

3.7 为什么有的石头可以点燃？

也许你会对这个问题感到可笑——那些硬邦邦、冷冰冰的大石头难道可以点燃？会不会搞错了？难道指的是那些温度高达 2000℃ 的岩浆？

自然界中真的有可以点燃的石头——油页岩，它是非常规油气资源的一种，以资源丰富和开发利用的可行性而被列为 21 世纪非常重要的接替能源，它与石油、天然气、煤一样都是不可再生的化石能源。通过人类近 200 年的开发利用，其资源状况、主要性质、开采技术及应用研究方面都积累了不少经验。

油页岩一般为褐黑色或黄褐色，质地很细腻，有时就像纸片一样坚韧，用手一掰，这种石头可以略微弯曲，具油脂光泽，手摸上去很是光滑，用硬东西敲一敲，会发出类似敲击"木头"时的声音。用火去点这种石头，先是发出"哔哔剥剥"的爆裂声，随后冒出一些黑黑的烟，闻着有浓烈的烧沥青似的刺鼻味道,而且还会产生一些发白的灰质,就像烟灰一样(图3.12、图3.13)。

油页岩还可以自燃。在地下环境中,由于其他矿物之间的化学反应,或者由于岩浆岩的侵入,使油页岩本身或者周围的温度升高而燃烧,与地下煤层自燃的情况类似。

油页岩在湖泊和海洋中都可以形成,关键是有大量的有机质来源和良好的保存条件。油页岩中所含的有机质大部分来自藻类、植物的孢子或花粉,在显微镜下,可以清楚地看清它们的化石形态。有的油页岩所含的藻类有机质可以达到10%~50%。除了藻类和其他植物残体之外,油页岩中还常会有丰富的鱼类残骸。可以说,油页岩生成的环境曾经是浮游生物互相争夺有利生态环境而厮杀的"战场",也是各种鱼类的"墓地",它代表着古时候这片水域曾经出现过

图3.12 可以燃烧的石头——油页岩

(a) 辽宁抚顺油页岩

(b) 美国Unita盆地油页岩

图3.13 油页岩野外照片

营养过剩（相当于现在人们时常见到的因为浮游生物过于丰富而在海域中产生的"赤潮"现象），即期间曾发生大量生物死亡的阶段。

地质历史中，各个时期都有油页岩生成，形成时代最古老的大型油页岩矿藏是在欧亚和非洲北部的5.2亿—4.3亿年前古海洋中形成的。在随后的地质时期中，大多数油页岩都是在湖泊中形成的。从历史发现、地质储存及使用的经济学角度来讲，最重要的油页岩矿区分布在美国西部、巴西、苏格兰、爱沙尼亚和中国（图3.14）。

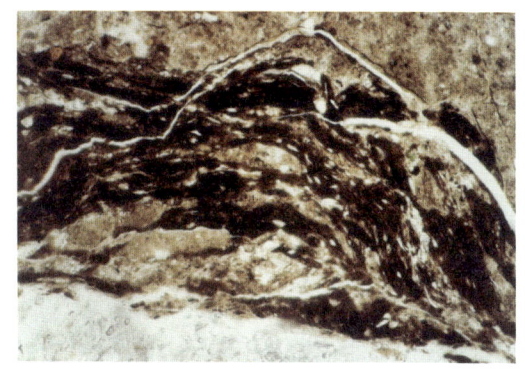

图3.14　我国华北北部8.4亿年前富含红藻的油页岩

在我国东北的辽宁抚顺、广东茂名等地，都有大型的油页岩矿藏，它们生成于大约6000万年前古近纪的古湖泊中。在辽河油田、胜利油田等地也发现了厚层的油页岩，石油地质工作者认为它们是这些大型油气田所产出石油的重要生油岩层。

早在依靠挖掘和钻井从地下岩石层中开采液态石油之前，人们就曾用焙烧油页岩的方法攫取石油，并获得了成功。油页岩的开发利用可以追溯到17世纪。到19世纪时，全世界油页岩的年产规模达百万吨，已经可以从油页岩中生产一些诸如煤油、灯油、石蜡、燃料油、润滑油、油脂、石脑油、照明气和化学肥料、硫酸铵等产品。到20世纪早期，由于汽车等的出现，油页岩作为运输燃料被大量地开采。直到1966年，由于原油的大量开采利用，油页岩作为主要矿物能源才退出历史舞台。但是，现在油页岩的利用更加广泛，爱沙尼亚、巴西、中国、以色列、澳大利亚、德国等对油页岩的利用已经扩展到发电、取暖、提炼油页岩油、制造水泥、生产化学药品、合成建筑材料及研制土壤增肥剂等各个方面。

尽管油页岩资源规模很大，但由于技术、经济和环境保护等方面的原因，使得提取液态石油的工作受到很大限制。要生产1千克的石油，就必须加工10千克的油页岩。为了保证向日本出口油页岩，澳大利亚昆士兰南部的油页岩矿每周都必须挖一个面积1平方千米、深达10米的露天矿坑。这引起当地环境保护者的极大愤怒。

人们一直在研究油页岩地下原位开采技术，即不必将油页岩开采到地面上来，直接在地下就进行从岩石到液态石油的加工。这样就不必进行大量的开采工作，废矿坑问题也可以大为减少。相信随着技术进步，油页岩的清洁高效利用将使这种古老的资源焕发新的青春。

3.8 藏在极其微细孔隙内的油和气——纳米级孔喉储层

纳米，极小度量单位，1纳米 = 10^{-6} 毫米，是头发丝直径的六万分之一。

油气藏的研究从人类发现油气之际就开始了。随着非常规油气的发现和勘探开发，人们逐渐认识了一种从前不被看好的储层——纳米级孔喉储层。

在非常规源储共生油气储层内，微米到毫米级孔隙、裂缝等储集空间仅局部发育，孔径小于1微米的纳米级孔喉系统普遍发育并占据储集空间的主体，达储集空间总体积的70%~80%。科学家采用场发射扫描电镜和纳米计算机断层扫描重构等先进技术"看清"了藏在致密岩石内部可以存储石油和天然气的孔隙：非常规油气致密储层主体孔径为20~500纳米，其中页岩气储层孔径为5~200纳米，页岩油储层孔径为30~400纳米，致密灰岩油储层孔径为40~500纳米，致密砂岩油储层孔径为50~900纳米，致密砂岩气储层孔径为40~700纳米。

油气水在纳米级孔喉系统中，渗流能力差，油气被滞留吸附，在源储共生层系中大面积连续分布，泥页岩烃源层中可能滞留了占总生烃量30%~40%的油气资源，近源致密砂岩、石灰岩等储层中可能聚集了

20%～30%的油气资源。也就是说,在以前不被人们注意的岩石内极微小的纳米级孔喉储集空间中很可能聚集了超乎人们想象的巨量油气资源。

非常规致密储层中纳米级孔喉系统的发现,改变了人们对油气储层微观孔隙空间的传统认识,对认识非常规源储共生层系油气连续聚集的地质特征、拓展资源潜力有重要价值。

这种纳米级的孔喉通道网络体系中的石油和天然气运移、流动的机理十分复杂,不仅要从理论上进行研究,模拟实验也是重要的手段,可以揭示在微米—纳米级孔喉系统中流体运移、富集的路径、方式、相态和流动规律等(图3.15)。

图3.15 储层内微细孔隙的三维模拟复原图

科学家们预测,到2030年前后,石油工业将进入纳米科技时代,形成的关键技术包括:(1)纳米油气透视观测镜、基于纳米CT重构三维储层模型、三维地震透视等;(2)纳米油气驱替剂,最大限度提高油气采收率;(3)纳米油气开采机器人,应用于油气勘探开发关键过程。

从毫米—微米级孔喉常规油气向微米—纳米级孔喉非常规油气延伸,是油气储层地质研究的趋势,也是石油工业发展的趋势,必将为人类找到更多的油气资源。

3.9 有不能燃烧的天然气吗？

天然气作为一种洁净的能源，逐渐走进寻常百姓家，说起天然气自然就会想到用来开汽车、做饭。其实不然，天然气是指自然界里一切天然生成的气体，常常是多种气体的混合物。我们通常所说的天然气是指可燃的，由碳、氢化合物组成的烃类气体。

自然界中还有一些天然气不含烃类物质，也是不可燃烧的，常称之为非烃类气体，包括二氧化碳、氮气等。例如二氧化碳，很大一部分来源于地下深处。地下的石灰岩主要成分是碳酸钙，当它们遇到地壳深处岩浆侵入时，石灰岩被高温烘烤，就像烧石灰一样，产生了二氧化碳气体。它们在适宜的条件下聚集，在地下形成二氧化碳气藏。这类天然气，不但不能燃烧，相反可以用来制作灭火剂，也可以制作保温用的"干冰"，还是重要的化工原料（图3.16）。吉林油田的万金塔气藏和胜利油田的平方王气藏就是此类。

还有一种可怕的天然气体——硫化氢，它是地下含石膏的地层中的有机物质，在一定的温度和压力条件下生成烃类时而产生的。这种气体具有臭鸡蛋气味，剧毒，在钻油井时遇到它则如临大敌，一旦防范不当，让其跑出地面进入大气层，就有可能污染一大片区域，很可能还会伤到人。

三 展露头角的非常规油气资源

图3.16 二氧化碳气体的用途

四　茫茫大地寻油气

人类认识石油已有几千年的历史，古人溪水捞油，现代油气地质勘探人员运用各种高精尖技术辅助找油。茫茫大地，到何处找油？在几千平方千米、几万平方千米甚至几十万平方千米的盆地中，如何快速高效地确定尺寸之地的石油钻井井位？在几千米的地下深处，如何了解哪一层储存有石油，如何确定钻井的深度？

4.1 石油，人类与你相识已久

人类利用的最早的能源是火。处在荒蛮时期的远古祖先，就学会了点燃木头取暖及"吃烧烤"！下一个古老的能源就是风。人类使用帆船的历史可以上溯到公元前 3000 多年，到公元前 2000 年波斯人制造了风车（图 4.1）。继风之后，当然就是水啦！风车最近的"表亲"就是水车，水车的利用也可以上溯到远古时期。这些古老的能源现如今依然被人们使用着，当然，应用技术已极大提高。但在人类能源利用史上，它们也曾失去了一段时期的荣光。首先，第一次工业革命以煤炭为主要能源，此后，煤炭一直稳坐人类能源宝座的第一把交椅。到了 20 世纪，石油和天然气成为主要能源。

关于人类是什么时候发现并开始利用石油的，迄今尚无定论。可以肯定的是，人类对石油和天然气的发现和利用要远在煤炭之前。甚至可以说，人类对石油和天然气的开发利用是和人类文明同步或近于同步发展的。人类很早以前就凭借着生活经验知道了石油是可以点燃的。

图 4.1　田野中的风车

从古时候开始,世界上许多民族就已经通过地面的油苗认识了石油。可以想象,遥远的古代,在两河流域,一个偶然的机会,也许是人类的无意,也许是雷电的击打,引燃了地上出漏的油苗。这火一经点燃就任凭风吹雨打也难以熄灭。人们知道了它的可燃性,就用它来照明取暖。

在中东地区的考古中,人们发现沥青曾被用于建筑、筑路、防水、油漆和封堵船缝的痕迹与记载。日本、法国、西班牙、印度尼西亚、德国、意大利、俄罗斯等,都有关于古代油气苗的文字记载。在美索不达米亚、埃及金字塔、墨西哥阿兹特克人的古老藏书及桦树皮上保存的绘画中,都有过关于石油的描述。石油还被用来配药治疗眼疾,手脚溃疡,甚至被当作治疗各种疾病的"特效药"。

在楔形文字中,已经有人们从死海沿岸采集石油的记载。当时的埃及人已经能测算从岩石层内渗出的石油量和天然气的逸散量。古代的死海曾被称为"沥青海",因为地下流到地面的油苗漂浮到海面,形成油膜。可见两河流域蕴藏石油的丰富程度。

当然,由于远古时期的科学不发达,古人们无法解释石油的物理化学性质,便赋予它神秘和迷信的说法,编撰了许多光怪陆离的故事。这从古代石油名称中可见一斑,它曾经被许多民族称为"魔鬼的汗珠""普罗米修斯之血""发光的水""从天而降的神火"等。

4.2 华夏大地的石油与利用

中华民族是世界上最早认识、利用石油的民族之一。我国迄今已经发现的关于石油的记载,最早出现在东汉史学家班固(公元 32—92 年)所著的《汉书·地理志》中。书中写道:"高汉,有洧水,可燃"。这里的"高汉"即为现在的延安东北一带地区;"洧水"就是现在延河支流的清涧河;"可燃",是指水面上有可以用火点燃的东西。这段记载,距今已有两千多年的历史。在此之后，古代中华民族关于石油的记载就更多了。晋以前，石油名为"石漆"，西晋时，张华对酒泉郡延寿县的石油从形态、性质到用途都做了详细而客观的描述，他在所著的《博物志》中将石油称为"石漆"："县南有山，石出泉水，注地为沟；其水有肥如煮肉卤，漾漾水水，如不凝膏，燃之极明；不可食，县人谓之石漆。"南北朝时期范晔的《后汉书·郡国志》、郦道元的《水经注》、明代李时珍的《本草纲目》中，也都引用或出现了类似的记载。

唐代佛教徒称石油为"黑香油"，唐中期李吉甫（公元758—814年）所著的《元和郡县志（卷四十）·肃州玉门县》记载："石脂水在县东南一百八十里，泉有苔如肥肉，燃之极明"。

五代又称"猛火油"或"火油"。北宋欧阳修（公元1007—1072年）的《五代史记》（即《新五代史》）卷七十四《四夷附录》第三《占城国传》载："占城在西南海上……显德五年（公元958年），其国王因德曼遣使前莆诃散来贡猛火油八十四瓶。"

宋代称"石脑油""石油""石烛"。除了沈括的记载之外，北宋刘禹锡（公元992—1068年）《嘉祐补注本草》载："石脑油宜以瓷器储之，不可近金银器，虽至完密直尔透之，道家多用，俗方亦不甚须"（图4.2）。

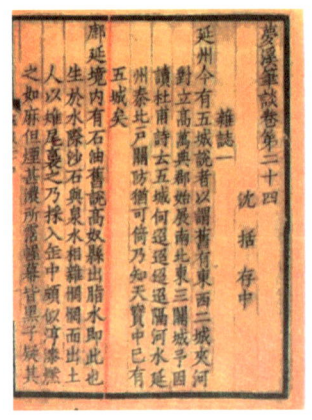 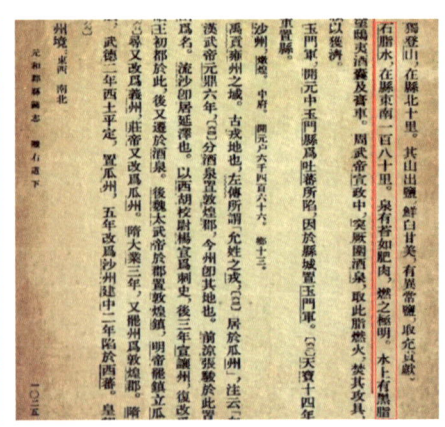

图4.2　中国古籍中关于石油的记载

四 茫茫大地寻油气

明、清时期，石油的异名又有"火井油""水肥""石脂""雄黄油""硫黄油""泥油""地脂""耶亚油"等。明杨慎（公元1488—1559年）的《丹铅总录》卷二、清祖禹（公元1642—1680年）的《读史方舆纪要》、李时珍（公元1518—1593年）的《本草纲目》卷九、清方以智（公元1611—1671年）《物理小识》卷二及近人王先谦（公元1842—1917年）在《汉书补注·地理志》等著作中，都大量描述了在今陕北清涧河、浙江嘉定、云南、广东南雄等地人们认识、使用石油的实例。

由于较早发现了石油，我国古代的石油和天然气的开采技术也很发达，特别是通过钻凿油井和气井来开采石油和天然气的技术，在世界上也是最早出现的。公元1041年（宋代），我国创造了人力顿钻，可由竹筒管钻出小井眼，还发明了一整套相应的钻井和打捞工具。这在世界石油开发史上是一大进步。到11世纪末，我国就已在陕北的延安等地钻了第一批采油井，比1859年美国正式大规模开采石油要早七八百年（图4.3）。

图4.3 中国古代的钻井

小贴士

顿钻亦称"冲击钻"。通过交替地升起和降落钻具在硬岩石中钻孔的一种方法。利用钻绳连接钻具，靠钻头的上下冲击作用钻凿地层，经一段时间之后，用汲砂绳接汲筒将岩屑取出，使井内清洁后，再下钻头，如此反复进行，直至完井工作。工作效率较低，且有井喷危险，已很少使用。

图 4.4　中国陆上第一口石油钻井

　　我国近代的第一口油井是 1878 年由满清政府从美国雇来的技师和买来的钻井机械在台湾的苗栗出磺坑钻成的，当时日产油约 750 千克。我国大陆地区第一口油井是 1907 年在陕西延长油矿钻成，至今仍在出油（图 4.4）。

　　英国科学技术史大师、英国皇家学会会员李约瑟（1900—1995 年，本名 Joseph Needham）博士经过数十年的研究考证，在其《中国科学技术史》《中国科学传统的贫困与成就》等专著和论文中指出："在公元 10 世纪，中国就已经有石油，而且大量使用。由此可见，在这以前中国人就对石油进行蒸馏加工了。公元 919 年，双动活塞压力泵被用来喷射石油，这种机器的意义特别重大，因为以火的化合物为含义而命名的火药就与它同时出现在中国舞台……"我国学者研究认为，李约瑟文中所说的"双动活塞压力泵"是指我国宋代文献《武经总要》中记载的"猛火油柜"和"筒柜"。这是一种喷射火油的机械。李约瑟文中所说使用年代为公元 919 年，是指我国《吴越备史》一书中记载的狼山水战，即吴越国钱镠对吴国杨隆演在现今江苏南通附近的河

四 茫茫大地寻油气

面上进行的火战，并说"火油得之海南大食国"，大食国即现在的阿拉伯。

李约瑟的考证与评价，第一次向世界为中国古代石油科技的历史贡献作了科学公正的定位，也进一步印证了中华民族与石油的渊源。

4.3 苗栗最早飘油香

说到宝岛台湾，可能没人能想到石油，台湾的石油储量不多，但台湾却是我国最早用新的技术工艺开采石油的地区。1877 年，清政府设立矿油局，钻井采油。

《台湾府志初修》（1684 年，康熙二十三年修）和连横所著的《台湾通史》都有石油和天然气产出的记载。

由此可见，台湾有石油也有天然气！其中尤以 1861 年发现苗栗的石油最为著名。最早挖到石油的人是一个翻译，叫邱苟，他因为命案逃跑途中，在新竹县后垄溪出磺坑一带的山中为藏身挖坑时，发现了石油。当时那个坑大概 3 米深，每天采油差不多 6 千克。除了自己点灯照明之外还有剩余，他开始将原油卖给周围的村民。四年后，他把这口油井（也可以说是油坑），租给了一个商人，之后又租给了英商宝顺洋行。

好景不长，官府注意到这桩赚钱的买卖。光绪二年（1876 年），闽浙总督文煜、福建巡抚丁日昌上奏朝廷，报告台湾这地儿产油，品质还不错，如果机器开钻，每天大约能采一百担，建议收回官办，仿西洋新法采之。

1877 年，两江总督沈葆桢去台湾巡视，与福建巡抚丁日昌合议，拟将此地油矿收归官办，于当年奏请清廷获准。1878 年从美国聘请钻井技师两名，购进石油钻井机械一套，组成了中国近代石油史上的第一支钻井队，在苗栗钻了第一口井，这是中国使用近代顿钻技术打成的第一口油井（图 4.5）。在钻第二口井时，因事故不能排除，钻探中断。1885 年，台湾改设行政省，首任巡抚刘铭传就开发苗栗石油再次上奏清廷，于 1887 年获准成立矿油局，委派统领林朝栋主持其事。1887—1890 年，在苗栗出磺坑（现名出矿坑）共钻井 5 口，仅 1 口井出油，产量也很低。因设备很差，资金缺乏，刘铭传打算引进外资开发油矿，遭到清政府的强烈反对。1890 年，刘铭传被革职，新任巡抚邵友濂将苗栗油矿查封，直到 1895 年台湾被日本侵略者占领。

图 4.5　台湾苗栗出磺坑中国第一口油井

光绪二十二年（1896 年），日本人在出磺坑油田用手钻开始采油。1927 年产量最高，达 1.9 万吨。1895—1945 年，日本在侵占台湾的 50 年间，为了掠夺石油资源，先后进行过三次较大规模的地质调查，发现了锦水、出磺坑、竹东、牛山、竹头崎 5 个小油田和六重溪、冻子脚 2 个含油、气构造，共计钻井 251 口，其中产油、气井 140 口。1945 年日本帝国主义投降后，台湾的油田由国民党政府的中国石油公司接管。

> **小贴士**
>
> 沈葆桢（1820—1879 年），原名沈振宗，字幼丹，又字翰宇，福建侯官（今福建福州）人。晚清时期的重要大臣，政治家、军事家、外交家、民族英雄。中国近代造船、航运、海军建设事业的奠基人之一。
>
> 咸丰十一年（1861 年），曾国藩请他赴安庆大营，委以重用。同治十三年（1874 年），日本以琉球船民漂流到台湾被高山族人民误杀为借口，发动侵台战争。清廷派沈葆桢为钦差大臣，赴台办理海防，兼理各国事务大臣，筹划海防事宜，办理日本撤兵交涉。由此，沈葆桢开始了他在台湾的近代化倡导之路。

4.4 地质队员"三件宝",茫茫荒野找油忙

茫茫大漠、巍巍山峦,哪里寻觅油气的踪影?这时,就需要油气勘探技术为我们指明方向,而野外地质调查便是油气勘探的第一步。

野外地质调查往往需要地质学识渊博、工作经验丰富的勘探者,在野外考察某一地域的地质、地貌,从而推断油气藏的大致位置。

野外地质调查非常复杂,在调查之前,需要做很多准备,以备不时之需。在进行野外地质调查的过程中,离不开地质三大件——地质锤、罗盘、放大镜(图4.6)。

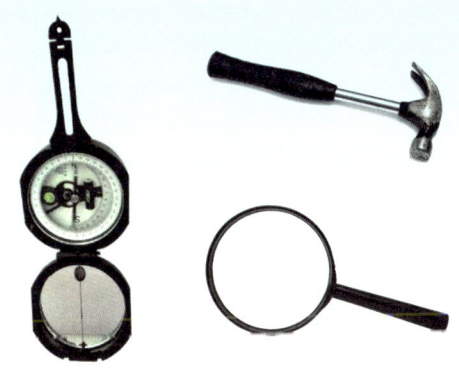

图4.6 地质队员的"三件宝"

地质锤——这是地质队员人手必备的"家当"。地质锤主要用于敲打岩石和收集标本,是上下山坡时的好"助手",甚至是遇到危险时的防身工具。

放大镜——在野外地质调查中使用时,可以仔细观察岩石的矿物成分和内部结构,从而识别岩石并准确确定名称。

罗盘——在野外地质调查中主要用来测量岩石的产状,即岩石的倾向(水平还是倾斜)和倾角(倾斜的度数),同时,还可以帮助地质队员测定方向,避免迷路。

现今在地质勘探的过程中还可能用到的工具有:相机、卷尺及GPS/北

斗导航系统等。

野外地质调查就像一次冒险，是人类对大自然的深入探索。离开繁华的城市，荒郊野岭充满着未知与不便，这就使得野外地质调查需要团队合作。

在进行野外地质调查之前，地质调查的负责人需要根据每个人的特性将工作内容进行合理分配，如定点、描述、测量、制图等需要由不同的人负责，调查人员需严格遵守程序，以免工作陷入混乱。

准备工作基本完成后，即可开始野外定点勘探。在油气勘探过程中，注意寻找测制地层剖面的具体地段，特别是在调查区较发育的或重要的地层单位，在踏勘过程中应尽量测制；前人的经验也是调查的依据之一，对调查区已有的重要地质剖面、前人提出的重要地质构造问题都应该进行针对性的重点踏勘；仔细观察勘探完毕后就需要进行野外记录。

地质草图是地质调查的重要野外成果，地质人员应对调查区域内地层、岩石、构造等进行全面系统的分析研究，结合前人研究资料进行编制。

地质调查还需要进行样品采集，并将采集的样品按照一定的规律进行编号、登记，同时对野外露头地质特征进行现场描绘、记录，避免忘记重要地质现象（图 4.7）。

图 4.7　地质队员的野外工作

一个优秀的野外地质工作者必须具有描述、记载、分析和解释野外地质现象的能力，具备敏锐的观察力和丰富的想象力，做到"见微知著"，发现问题"大胆假设"，分析问题"小心求证"，尽快发现地下油气的踪迹。

4.5 地表、海底油苗——无声的线索

地下深处的油气藏形成时间都在千百万年以上，在漫长的地质时期中经历了无数变化和改造，油气藏上方肉眼看不到的无数裂缝都会导致油气向上渗漏，这些褐色、黑绿色或黑色的液体石油流出地表，受到氧化作用、细菌作用的影响就会变硬，形成地面油苗。

当这些地面油苗数量较多时可在凹地中汇集成油池。少量原油漂浮在水面上，形成五光十色的油膜。这是寻找石油矿的重要标志之一（图4.8）。

图 4.8　地表油气苗

20世纪50年代，一个十分偶然的情况下，在墨西哥湾工作的潜水人员和油气勘探工作者共同发现了出现在海底的油气渗漏，也就是海底油苗。很快地，一个由地球化学专家、环境学专家和石油公司的研究人员共同组成的研究小组携带着专门的潜水装置和相关仪器去了那里并投入工作。

他们发现,渗漏是沿着海底断层呈线状分布的。沿着出露海底岩石的裂缝,可以清晰看到黑色的油浸沉积物,从潜水器常常可以观察到水体中或连续或间歇的成串气泡。

由于墨西哥湾的海水水深多在 400 米以上,且温度较低,上部水体产生的压力也很大,所以从深部发散出的烃类往往会形成橙色或白色的团块状、絮状的水合物。除了微裂隙之外,这种水合物还在一些水下泥火山的喷发口处被发现。

由于这种通道喷发出的烃类水合物的含量都比较大,地面上的科研人员根据卫星和航天飞机发回的监测资料都可以轻易观察到浮现在海面的油膜。

除了泥火山之外,在水底还可以看到一些麻点状的小坑,也有气泡从中心部位冒出。它们记录了地质历史中的油气运移。在这些烃类物质的渗漏口处,细菌作用氧化了烃并形成了二氧化碳,使之沉淀为碳酸盐岩。

地表也有相似的情况。古时候人们就已发现地表湖泊水面上存在气苗,泉水中漂有石油,并且加以采集利用。利用地表出露的油气苗,顺藤摸瓜到附近寻找石油和天然气,这是最原始的方法。中国从古至今关于油气苗的报道就非常丰富,并据此发现了一些油气田,如酒泉盆地老君庙的干油泉、塔里木盆地库车铜川的石油洞。新疆克拉玛依油田就是根据牧民报告地表出露的"黑油山"而发现的(图 4.9)。

图 4.9　新疆克拉玛依油田发现的重要依据——黑油山

四　茫茫大地寻油气

根据地表油气苗找油气，是早期寻找石油和天然气比较常见的方法。现代石油工业刚开始的时候，人们就是通过地面油苗寻找石油，就是在有油气苗的地方或附近打井，偶尔也找到一些油气田，但失败的经历更多。因为油气苗不是寻找油气田的唯一标志，它们只能表征地层深处以前曾经有过石油或天然气，有的油气苗甚至与出露的地下深处没有太大关系，这是因为油气苗可通过横向的裂缝或通道运移很远才跑到地面上来。

随着勘探技术的不断进步，逐渐形成一套完整的石油地质理论，勘探油气的方法也随之得到大大改进。人类正是依靠这些科学理论为武器来指导石油天然气的勘探工作。

> **小贴士**
>
> 克拉玛依黑油山：位于克拉玛依东北部，距市中心 2 千米，因原油长年外溢固结形成一群沥青丘，最大的一个高 13 米，面积 0.2 平方千米，油质为珍贵低凝油。
>
> 黑油山是克拉玛依油田三叠系石油露头，据地质学家预测，早在两亿年前，黑油山就已经开始溢油。

4.6　探地神器——地球物理勘探

在我们赖以生存的地球上，有辽阔的海洋，有高耸入云的山峰，有一望无际的平原，还有沙漠、高原、极地冰山。油气田在地球上占据的一席之地简直很小很小，面对苍茫大地，人们怎么才能发现油田呢？地球物理勘探将大放异彩。地球物理勘探包括重力勘探、磁力勘探和地震勘探。

重力勘探是利用组成地壳的各种岩石的密度差异引起重力变化而进行地质勘探的一种方法。其通过测量地质体的重力异常，研究地壳深部的地质构造，发现地下深处岩石的起伏和岩性变化，圈定地下火成岩的分布情况，研究有无深大断裂的存在，然后评价油气田是否存在（图 4.10）。

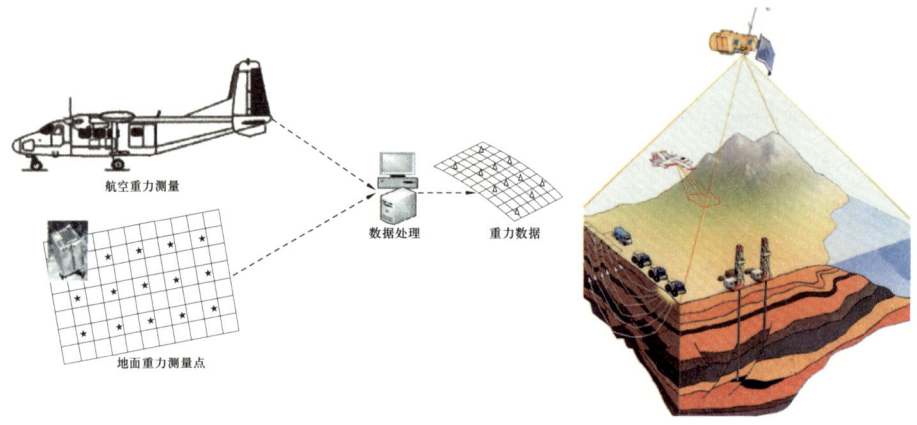

图 4.10 重力勘探示意图

地球有磁场，地层、岩石、矿物也是含有磁性的，根据岩石的性质不同而变化。磁力勘探是通过观测和分析不同岩层的磁性差异而引起的磁异常，进而研究地质构造和矿产资源分布规律的一种地球物理研究方法。一般而言，火成岩和变质岩磁性较大，而沉积岩几乎没有磁性，因而通过测量磁力值的变化，就可以大致确定火成岩或变质岩的规模及埋藏深浅。

重力勘探和磁力勘探在寻找含油气远景和圈定有利油气带方面的效果是公认的。在我国各大油田的发现中有着不可磨灭的功绩。比如在内蒙古地区的二连盆地，西北地区的吐鲁番—哈密盆地等，利用重力、磁力勘探，人们迅速搞清了这些盆地复杂的区域构造面貌，节省了大量的时间和资金。

随着科技的进步，现在已经基本上可以通过航空照相或者卫星相片代替普查的一些工作，地质人员在地面开展工作之前，从这些相片上初步了解当地的地质情况，不仅加快了找油速度，还提高了精度。

经过普查，筛选出比较有利于油气聚集的地区进行详查工作，从而进一步查明和选出有利于油气聚集的储油层的岩石、构造等性质。

任何一个新区，都要进行普查，要调查了解这些地区地层的分布、地层的时代、生油和储油的条件等，收集大量岩石样品和各种地质资料，把最新的认识标注在地质图上。

在详查之后甚至同时,就该进行地震勘探了(图4.11)。

地震勘探技术是用人工爆炸的方法产生地震波,当地震波向地下深处传播时,在岩石密度明显变化的分界面上,就产生反射(或折射)波,由于界面深度、形状(如断裂)不同,反射(折射)波返回地面的时间就不同。利用地震勘探仪器把反射(折射)波记录下来,通过电子计算机处理、绘图,做出地质解释就可以知道各个反射层(折射层)的深度、地层状态、断裂分布等(图4.12)。

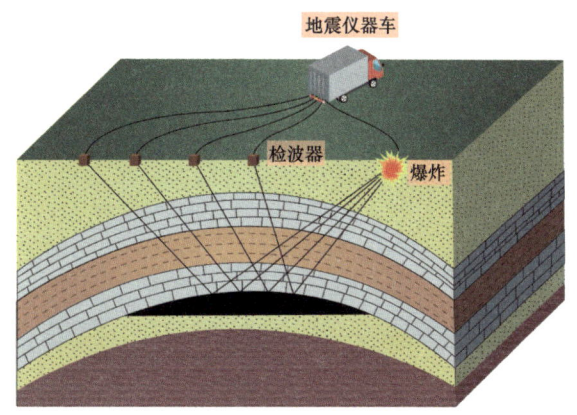

图4.11 地震勘探原理示意图

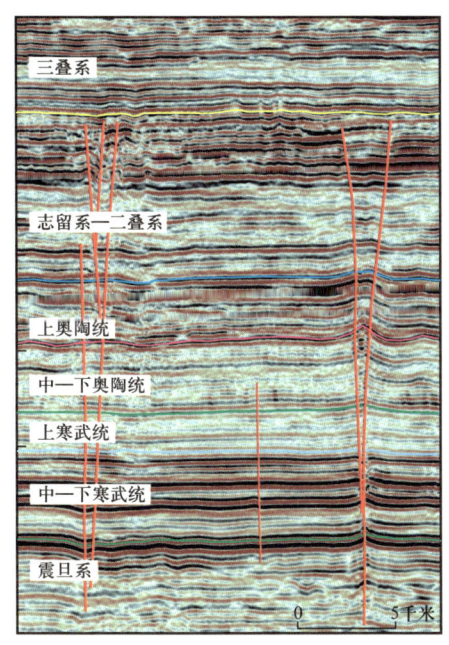

图4.12 地震勘探采集解释后的地震剖面

地球物理勘探虽然可以揭示一些盆地内部的情况,但毕竟是间接性的认识,而且常常有一定的推断性和多解性。对于有没有生油层、储油层及油气存在的必要条件等一些重大地质问题,还不能给以肯定的回答。要搞清这些问题就必须钻井,取得第一手资料。

通过钻井,对所钻全井地层剖面中沉积岩层顺序、时代、岩性等状况有全面了解,对生油层、储油层的情况有了大致的了解和认识。如果一旦钻探出油,这就意味着在苍茫无际的大地上,新的油田诞生了!

4.7 地质人常念的六字真言

很多人可能认为油气可以在全球各地都能找到,但是石油与天然气的聚集和进一步形成油气田是需要一些必要条件的。石油的形成和聚集必须满足以下六个条件。

第一,需要能够转化为石油的足够量的有机质,即烃源岩,存在适合这种转化所需的温度和压力条件。第二,生成的石油和天然气从生成地向外运移。第三,在这种运移过程中,烃类必须遇到能够允许其大量聚集的岩石层,即储层。第四,油气聚集之后,还需要存在能够阻止石油和天然气进一步逃逸的封闭或盖层。第五,能够聚集起可供勘探的足够量的石油和天然气,必须是有效的且范围足够大的。第六,圈闭内部的石油和天然气的平衡状态不能受到外来的干扰,必须存在良好的保存条件。

就是石油地质人常念的"生—储—盖—运—圈—保"六字真言。

在海底或者湖底聚集的富含有机质的沉积物,经过复杂的地质作用,形成了烃源岩,其中所含的有机质越多,烃源岩生成油气的能力就越强。

油气生成之后,在沉积岩内运移。组成岩石的颗粒之间保存有孔隙和通道。这些孔隙和通道,既是储集油气的有效空间,也是油气运移的有效通道。如果这样具有良好储集能力的岩层上面覆盖着一层非常致密、孔隙和通道较差的岩层,则油气就会在此聚集,形成储层(图4.13)。

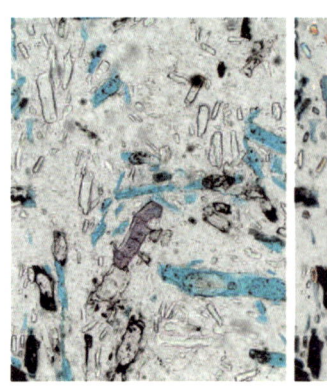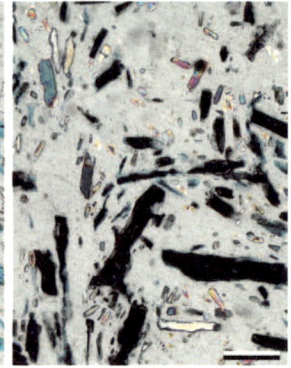

图 4.13 地下石油储存在微小的孔隙和裂缝中

如果缺乏遮挡层，油气还会继续运移，储层就会成为过渡带，烃类也不会在其中聚集成藏。盖层岩石往往是黏土岩，有时也可能是结晶的盐层，还有一些是被强烈压实的碳酸盐岩等。

储层可以聚集极为丰富的烃类，盖层阻止了这些烃类向上运移至地表。但这些聚集量对于形成油田或气田依然是不够的。

油气在圈闭聚集之后，若要形成供人类开采的油气藏，还需要具备良好的保存条件。比如浅层圈闭，容易受到携带大量细菌的地表水的渗入，使得石油被分解、破坏，形成气体而逸散。深部圈闭受地壳构造运动影响，原来的圈闭被破坏，油气或者沿着构造运动形成的断裂逃逸，或者由原来的大圈闭被切割为一个个破碎的小圈闭而损失，或者圈闭由深部地层隆升到浅部地层最终全部逸散（图 4.14）。

由此可见，一个良好油气藏的形成，生—储—盖—运—圈—保六要素缺一不可，怪不得地质人都念这六字真言。

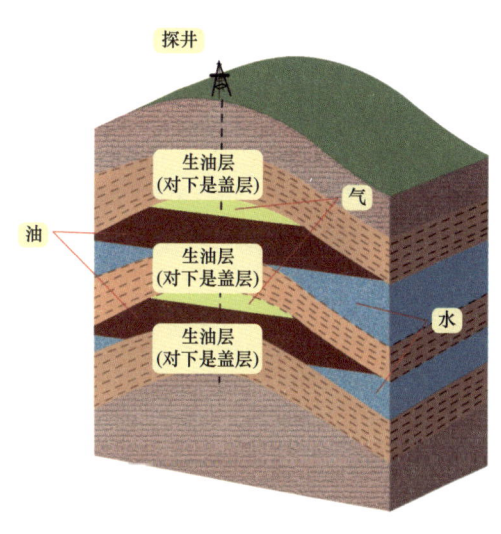

图 4.14　一个理想的生—储—盖组合

4.8　直接与间接勘探的利与弊

石油工业史开始以后，人们反复探索，已掌握了许多种认识地下情况、寻找石油的方法，大体可以分为间接找油与直接找油两大类。

在间接找油方法中，应用最广、发展最快、应用效果最好的当数地震勘探（图 4.15、图 4.16），素有"石油勘探尖兵"之称。在认识了一个盆地的基本地质结构之后，要选准有利的含油地区作为主要研究对象，就要靠地震勘探，可以较可靠地查明地下构造情况，确定钻探位置，以使用较少的探井拿下更多的含油面积，提高探井成功率。

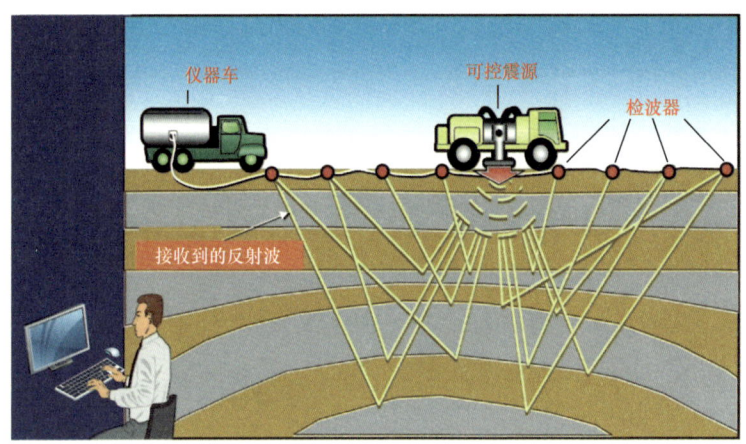

图 4.15　陆地石油地震勘探示意图

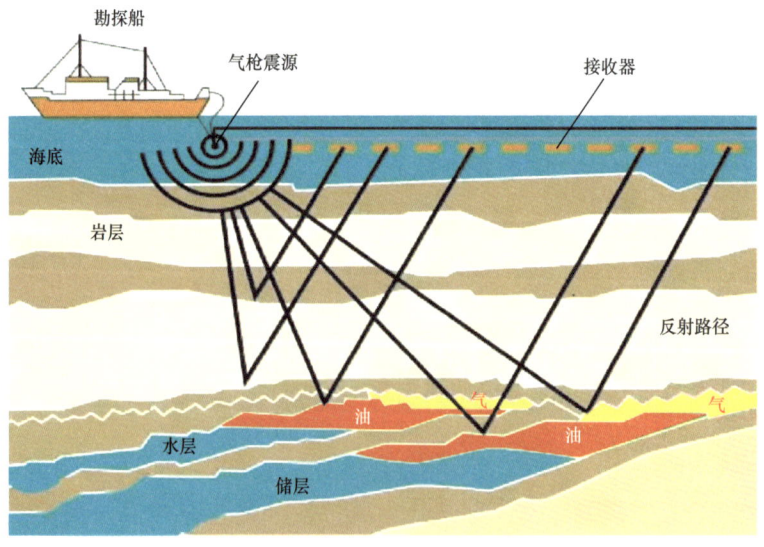

图 4.16　海洋地震勘探示意图

地震勘探就好像是用医生给人诊断病情的 X 射线来给地壳进行"透视",从而了解地下的情况。地震勘探中的 X 射线就是地震波。

这种间接找油法是目前勘探的主要手段,从二维地震发展到三维地震及四维地震,勘探的精度不断地提高。除了间接找油,人们还发展出了许多直接找油的方法,其中用得最多、最有效果的是地表地球化学勘探法。

油气埋藏于地下深处,与地表之间存在不同的压力差,因此,油藏中的油气常常沿着地下岩层中的断裂和裂缝向地表扩散、渗透到地表。除了肉眼可见的地表油气苗之外,85% 以上的油气藏上方都存在着地下烃类扩散的"蚀变晕"(化学物质异常区)。用化学和物理方法来检测这类"蚀变晕",就可进一步查明地下可能存在的油藏,这就是"直接找油法"(图 4.17)。

从 20 世纪 50 年代开始,苏联、美国、德国等国家就开始进行地表地球化学勘探(即地表化探)直接找油。我国从 20 世纪 80 年代中期开展这项工作。

图 4.17 地表地球化学勘探原理

地球化学勘探可以通过遥感实现。地下油气运移至地表,随之发生的一系列地球化学异常,使地表的岩石、土壤及植物发出与其他地区不同的反射光谱,同时还伴有热效应等,人们利用卫星相片的判读技术确定油气的存在。最为明显的是,异常区地表的植物还会发生"中毒效应"。这一系列变化必然会在灵敏度极高的卫星资料中得以反映。

由于石油的成分十分复杂，运移到地表的烃类（碳氢化合物——油气的主要成分）成分也很复杂。常用的地表化探方法是测量土壤中烃类气体、硫酸盐、汞、碘等，或者分析地下水中的苯、酚、沥青质、有机质的含量等。

石油中大多含有少量的放射性物质，也有专门以石油中的烃类物质为食的细菌，因此，这两项内容也成为地表化探直接找油的研究重点。

与地震勘探等间接找油方法相比，地表化探这类直接找油的方法更为直观，在国内外的大范围荒漠地区和海洋石油勘探中发挥着越来越重要的作用，大大提高了钻井成功率。

直接找油方法也存在着两个致命的缺陷：第一，分散在地表土壤层中的烃类物质的确是油藏中石油向上扩散的产物，但是它们只能证明地下曾经存在过油藏，却无法证明地下的油藏现在是否还存在，是否已被破坏了；第二，从油藏向上的扩散不一定是垂直方向的，大多是沿着地层中的断裂发生扩散，所以，地表的"蚀变晕"很可能不在油藏的正上方，有的甚至可能偏出上百米甚至几千米。因此，世界各国的石油勘探一方面将直接找油与间接找油的方法结合起来，另一方面深入地探讨油藏渗漏的机理和产物，以及正确地识别这类产物的技术方法、标准，去伪存真，力求以较少的投入找到更多的油气资源。

4.9 岩心——窥探地下秘密的"窗口"

石油和天然气是一种液体矿藏，具有极强的流动性，决定了寻找和开采石油必须采用与金属矿或煤矿完全不同的手段。

在野外勘察时，我们可以在岩石露头上或水沟里找到一些油气苗，但这只能为人们提供寻找油气田的线索，并不意味着找到了油田。只根据地面地质这条线索，要搞清究竟哪个层位有油，显然是不够的。如果能把地下的岩层搬上来，让人们看看，不就知道地下有没有石油了吗！取岩心正是起到了这种作用。它如同"穿地镜",使人们通过它而望穿地下千米地层。岩心是在钻探过程中用特殊的取心钻具从地下取出的圆柱状岩石样品。岩心能够真实地反映,地下有哪些时代的地层,有没有油层,油层的深度和厚度是多少,储油性能怎样,油、气、水层的相互关系怎样……

通过多口钻井岩心的比较分析,还可以了解储油构造的形态,断层的性质和分布规律及其对油田的影响,油、气层分布的规律和面积。在油田开发中,通过岩心可以了解油层的开采状况,不断修改和调整开发方案,把地下更多的石油开采出来。还可以用岩心来模拟地下的条件,进行各种开发实验,得出正确油田开发的依据(图4.18)。

在石油地质工作中,通过钻井了解地下情况,可以有许多种方法,如分析在钻进过程中随钻井液返到地面的岩石碎屑,采用各种地球物理测井等方法。但是,这些方法都有一定的局限性,只有岩心才是最直接的第一手资料,很多地质现象必须根据岩心才能进行最直观的研究和分析(图4.19)。

图4.18 油田的岩心库

图4.19 准噶尔盆地沙3井岩心照片
可见植物根茎化石,煤化程度高,岩心产自侏罗系三工河组

岩心资料就是地下亿万年形成的岩石的"一孔之见",它能反映出许多地质现象,如岩心上有不同色彩,有成

层重叠的现象，有跟岩石一样坚硬的动植物化石，有微小的裂缝，还有密密麻麻像针尖一样大小的洞洞。岩石中的这些现象，是在它们生成时和生成之后的漫长地质时期内客观实际的反映，具有重要的研究和使用价值。

地质工作者最常使用的岩心柱状图，就是把一口钻井的岩心，根据岩石性质、用代表性符号、按岩层埋藏深浅的顺序编制而成的柱状剖面图。每一层岩心的岩性、电性、含油性、油层物性、层理构造及化石等各项内容，都相应地画在或标示在对应的位置上，供全面研究分析使用。

要想建立某个地区的地层顺序，就需要把很多地方的岩心剖面放在一起，互相比较，互相补充，结合其他资料进行综合分析，最后建立起一个完整的地层剖面。就好像我们把散在各处的一本史书的残章断篇收集起来，按页码排列好，并把每页缺损处修补好，缺页的补上，恢复成一部较完整的史书（图4.20）。

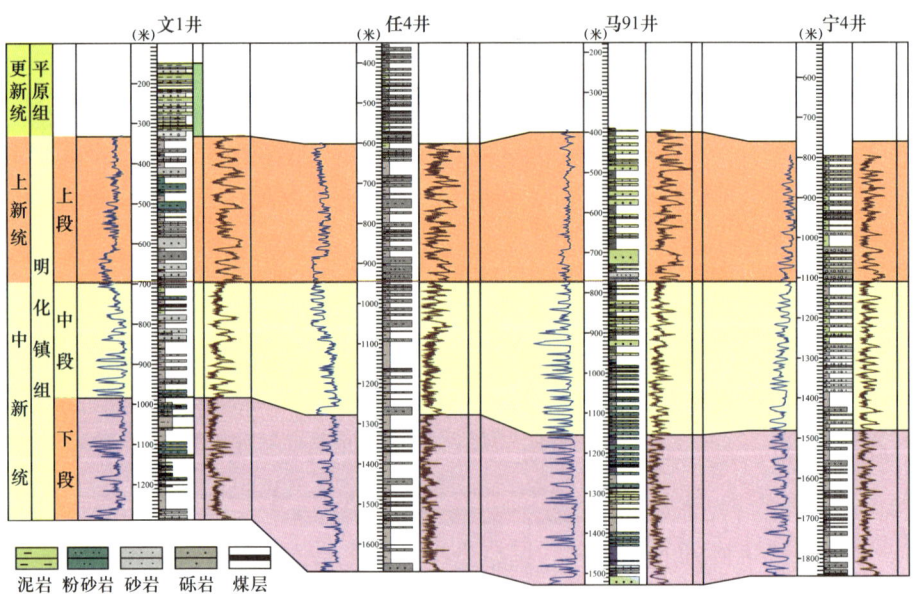

图4.20　多口井岩心柱状图相连的对比剖面图

渤海湾盆地冀中坳陷古近系地层对比图，可以看出在不同地区，同一套地层埋藏深度不同，也可以看出每口井同一深度岩性不同

4.10 小小化石定乾坤

说起化石，人们首先会想到曾经横行地球的巨大的恐龙化石、珍稀的鸟类化石、精美的贝壳化石，甚至叶片的化石等。自然界中还保存了极为丰富的"微体生物化石"，包括了孢子花粉、有孔虫、藻类等，它们在油气勘探中可以发挥十分重要的作用，有时甚至可以起到"一锤定音"的作用。

产于裸子植物的孢粉化石，曾经为石油的有机成因提供了重要的证据。当然，它们在石油地质学研究中的作用并不局限于这一点——它的主要任务是研究石油的生成时代和油源区，以及石油的运移等。由于孢粉体积小、密度轻，加上石油具有一定的黏度，所以，在石油向储层运移过程中，能携带一部分生油层中的孢粉和藻类化石。结合地球化学资料加以综合分析，便可确定油源，探索油气运移规律。

我国华北任丘油田的主要产出层是形成于 8.2 亿～4.1 亿年前的震旦系到奥陶系的"古潜山"地层。地质学家发现，"古潜山"的原油虽都储集于非常古老的地层里，但从原油中析离出来的孢粉和藻类全部都属新生代（距今约 2500 万年）的常见分子。这就证明，这些原油是新生代生成的，后来运移到古生代老地层中储存起来。那么这种新生、古储型油藏是怎么形成的呢（图 4.21）？

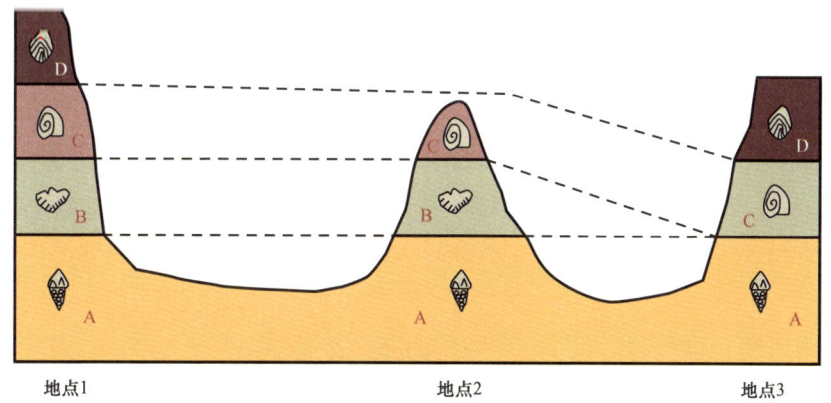

图 4.21　生物地层学地层对比原理

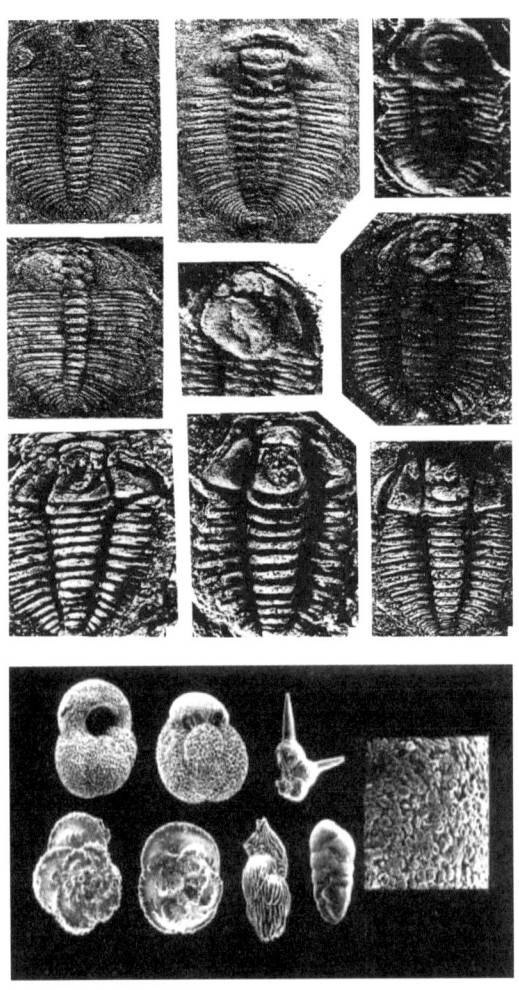

图 4.22 古海洋里的生物群落化石

根据所发现的大量古生物化石，科学家勾画出当时的情景：在古生代及之前，我国现在的华北大平原是一片汪洋大海，居住着古藻、古杯、三叶虫、头足类、腕足类等海生生物家族，沉积了巨厚的海相碳酸盐岩。后来经历过多次构造运动，使震旦系、寒武系、奥陶系分别在不同时期隆起、露出海面，未接受新的沉积。在接下来发生的大地构造运动中，现在的华北大地整体抬升，海水东退，形成大陆。在古近纪时，该区整体下降，形成了两个近海内陆大湖，即今日的济阳坳陷（胜利油田探区）和冀中坳陷（华北油田探区），沉积了古近系以碎屑岩为主夹碳酸盐岩的地层（图 4.22）。

在古近系之下潜伏着许多古生代及震旦纪形成的"山包"。虽然这些"山包"的规模、形态、发育史及其成因各不相同，但它们都属于潜伏于古近系之下的"山包"，称之为"潜山"，又因为它们都是古老地层"山包"，故称为"古潜山"（图 4.23）。因为这些潜山区在古近纪是一种填充式的沉积，它首先把这些"山包"从山谷到山峰都普遍充满填平，然后才继续往上沉积。这些"古山包"四周都与古近系接触。随着地质时代的发展，古近纪形成的富含有机质的沉积物生成的石油、天然气便沿着"古山包"的裂缝、晶洞、孔隙，渗透运移到"古山包"里储存起来，或者通过输导层，经断层或不整合面运移至潜山体中。石油工作者用地震的办法查明这种"古山包"的位置，然后钻井勘探。

几乎每找到一个"古山包"就找到一个油田。这就是我国所发现的新生、古储型油田，又叫古潜山油田，是我国石油地质工作者的首创。这是一个了不起的发现，其中就有古生物化石的"功劳"。

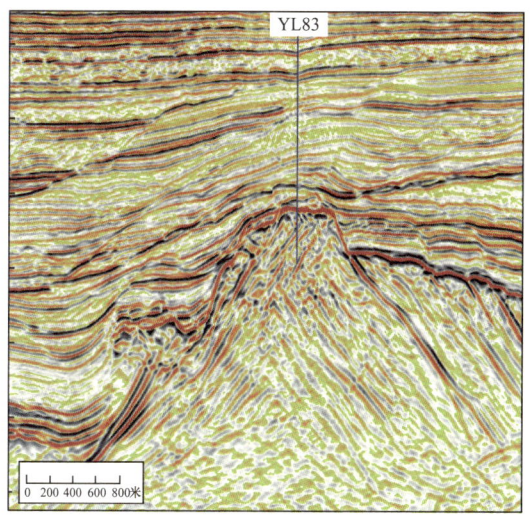

图 4.23　地震剖面中的古潜山

20世纪60年代初，石油地质工作者在四川盆地威远构造上打了一口深井，想弄清地层层序，了解构造发展情况。当这口井钻入距今大约8.2亿年前形成的震旦纪地层后，天然气像下山的猛虎、出水的蛟龙一般喷射出来，来势之大，出乎人们预料。一口日产百万立方米级的"气老虎"井发现了，人们欢呼雀跃，奔走相告。

高兴之余，石油地质工作者不得不深思，为什么震旦系里没有发现丰富的古生物化石而竟然会有如此之大的天然气储量呢？那些葡萄状、鸡卵状、马牙状、雪花状、花边状、放射状、管状、泡沫状的岩石结构究竟是什么呢？地质工作者采用切片的办法把这些岩石结构解剖开来，按纵向、横向、弦向等方向切制磨成0.035～0.04毫米的薄片，置于高倍生物显微镜下观察，证实这些岩石结构大部分都是较原始的藻类——"古藻"植物化石，表明震旦系中的天然气仍然是有机物质生成的。震旦纪曾经发育过非常丰富的藻类等低等生物，可以成为良好的油气储层。在我国大西南的震旦系寻找石油、天然气的"禁区"完全被撞破了。后来在四川盆地找到了丰富的天然气资源更加证明了这一推断。

孢子花粉等是产于陆地的植物体，藻类、介形虫、有孔虫等微体生物都是水生生物，对于保存它们地层的古环境和古生态的恢复会起到非常关键的作用；这些微体生物会随风飘到很远的地方和非常广泛的区域，微体古生物化石在地质年代确定与对比等方面具有不可替代的作用，在石油地质研究中也得到了广泛而深入的使用。

4.11　明察秋毫的分子化石

在"化石大家庭"中还有一个特殊成员——分子化石，其不同于通常所说的遗体或遗迹化石，是指地质体中那些来自生物有机体的分子。它们在有机质演化过程和受到热力学、生物化学等作用过程中具有一定的稳定性，虽受沉积、成岩等地质作用的影响，但没有或较少发生变化，基本保存了原始生物生化组分的碳骨架，记载了原始生物母质的相关信息，具有一定的生物学意义。也就是说，远古时期的生物体，虽然被分解了，但构成它们身体的一些有机分子却以"分子化石"的形式保存了下来，人们也称为"化学化石"或"生物标志化合物"等。

分子化石的研究涵盖了主要的4种生物化学组分：蛋白质（和核酸）、糖类（包括几丁质）、类脂物和木质素。其中，研究最广泛的是类脂物、蛋白质（和核酸）。相比较而言，类脂物在地质体中要稳定得多，可以在许多环境中长期保存下来，但它所携带的生物学信息较少。蛋白质所携带的生物学信息相当丰富，但它们相对不稳定，仅在一些年轻的地质体中存在。虽然类脂物和蛋白质是细胞膜中含量最高的组分，两者的重量大体相等，但由于蛋白质分子比类脂物分子大得多，所以就分子数目而言，类脂物要比蛋白质多得多。地质体中分子化石种类最多、分布最广的也是类脂物。

生物体中的类脂物往往具有长链状双头结构，即有一个疏水端（可溶于油和有机溶剂）和一个亲水端（可溶于水），它们虽然经历了一定的后期变化（成岩作用等），但基本保持了原始生物生化组分的基本碳骨架，具有明确的生物意义。

凡是来源于自然界的生物有机质，并在沉积物成岩过程中不受或很少受有机质热演化和石油运移的影响，而被很好地保存下来，能作为标记的化合物，称生物标记化合物。如原油和沉积岩萃取物中的三萜烷和甾烷族化合物。

这些"生物化石"是原始生物的继承性或衍生性产物，所以，石油中发现了丰富多彩的分子化石，再一次"实锤"了石油的有机成因。石油地球化学专家从石油和属于古细菌的喜热菌中都检测出一些规则长链异戊二烯化合物等生物化石，进而推测，古细菌很可能对一些石油的形成做出了贡献，这无疑是对石油形成的一种新认识，也对石油资源的推测提供了更多的空间（图 4.24）。

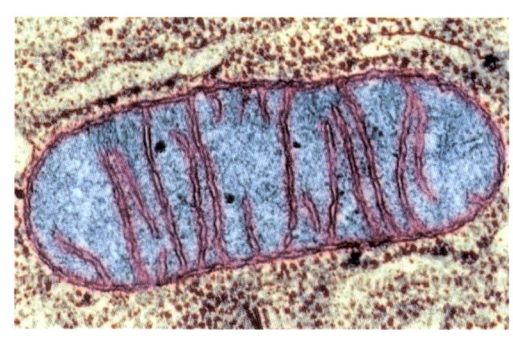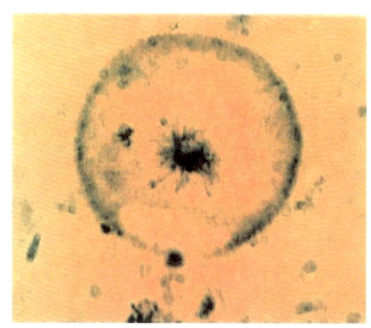

图 4.24　古细菌化石

"生物化石"中最常用的有一种叫作卟啉，卟啉及其衍生化合物广泛存在于生物体内和能量转移的相关重要细胞器内，不同时代、不同成因的石油、沥青等地质体中都有发现，还原环境更有利于它们的保存和演化，用它们可以很好地推测生油岩的性质。石油形成以后发生运移，其中的卟啉会被地层中的黏土矿物吸附，随着原油在地层内的运移，卟啉的含量会逐渐减少，这样就有助于追踪原油的运移途径，甚至运移的距离。卟啉化合物还可以作为油源对比的重要指标。

"分子化石"的应用前景广泛：人们以"分子对分子"的微观尺度进行油气地球化学的油—岩石对比，就可以更加精确地推测真正的产油层，推测它们是形成于陆地的湖泊中还是形成于辽阔的海洋中，进而推测一个油藏的产能；用这种分子级的油—油对比可以进行远距离的油藏对比研究；进行矿床有机地球化学的生物成矿作用分析；开展环境有机地球化学中的当代环境污染的研究与监测；探讨古代的全球环境变化；从事"分子考古学"，研究人类的进化、早期农业的发展、野生动物的驯化和家养过程，进行考古残骸的精确鉴定等。

> **小贴士**
>
> 木质素：一类复杂的有机聚合物，其在维管植物和一些藻类的支持组织中形成重要的结构材料。木质素在细胞壁的形成中是特别重要的，特别是在木材和树皮中，因为它们赋予刚性并且不容易腐烂。木质素主要位于纤维素纤维之间，起抗压作用。在木本植物中，木质素占25%，是世界上第二丰富的有机物（纤维素占第一位）。
>
> 类脂物：类脂是广泛存在于生物组织中的天然大分子有机化合物，包括磷脂、鞘脂类、糖脂、类固醇及固醇、脂蛋白类。这些化合物的共同特点是都具有很长的碳链，但结构中其他部分的差异却相当大。它们均可溶于氯仿、石油醚、苯等非极性溶剂，不溶于水。

4.12 打开渤海湾油气藏的两把"金钥匙"

渤海湾盆地涵盖北京、天津两市和河北、山东、河南、辽宁四省的一部分及渤海海域。渤海湾盆地是我国一个非常重要的产油基地，它发育在华北地台东部，面积近20万平方千米，是我国大型陆相含油气盆地之一，是一个发育在华北克拉通背景上的中生代—新生代裂谷盆地。在长期拉张应力环境下，形成多隆多坳的构造格局。石油地质学家常以"一个盆子摔八瓣，还被踹了几脚"形容渤海湾盆地复杂的地质条件。

渤海湾盆地的普查勘探始于1955年，大规模油气勘探开始于1964年，先后成立了胜利、辽河、华北、大港、中原、渤海、冀东七大油气区。初期认为渤海湾盆地和松辽盆地一样，油气集中于大背斜中，有统一的油水界面，因此在勘探方法上也采用大剖面控制和等距离布井的方法，但结果却碰到了"五忽"现象（油气层忽有忽无、忽油忽水、油井产量忽高忽低、油层厚度忽厚忽薄、原油性质忽稀忽稠），导致油气勘探长期停滞。

1975年2月17日，华北石油勘探部3269钻井队奉命到任丘第四号探区安机开钻，在任丘境内打成第一口日产千吨的油井（日产1014吨）——任4井，标志着华北油田的发现。这口高产油井，出现在我国石油勘探的一个新领域，标志着任丘这样的"古潜山"地质结构可以蕴藏丰富的石油资源，并由此而拉开了石油大会战的序幕。

任丘油田的发现，为我国石油地质学的研究打开了一扇新的大门。这个重大发现，丰富了石油地质理论，在我国石油勘探开发史上竖起了一个新的里程碑。

受中生代—新生代拉张应力作用，渤海湾盆地断块活动剧烈，断裂十分发育、分割性强。这种特点造成了渤海湾盆地油气藏类型多、层系多、埋深差异大（常常在1000～4000米），油气性质变化大。

在渤海湾盆地，往往是由多个含油气层系、多套油气水系统和多种油气藏类型组成的油气藏群体，常常由大小不等数十个至数百个不同规模的油气藏组成，它们在纵向上互相叠置，在平面上呈现为由不同含油气层系连片形成的含油气带。这就是著名的"复式油气聚集（区）带"理论。

在"复式油气聚集（区）带"理论指导下，20世纪80年代渤海湾盆地油气勘探取得了很好的成果，尤其是从1981年开始优选了20个"复式油气聚集（区）带"作为滚动勘探开发的主攻方向，连续发现了40个油气田，其中亿吨级油田2个，在辽河和济阳等坳陷发现了一批常规技术手段难以发现的油气田。这一理论对渤海湾盆地滩海地区和海上油气勘探仍具有重要意义。

复式油气聚集（区）带勘探理论的建立和发展是我国对世界石油地质理论的重要贡献，它极大丰富了陆相石油地质理论，对渤海湾盆地勘探具有重要意义，对陆相断陷盆地的油气勘探具有重要指导作用。

可以说，"古潜山油气藏"的发现和"复式油气聚集（区）带"理论的建立，成为打开渤海湾油气勘探大门的两把"金钥匙"！

4.13　新中国石油工业的历史性转折点——松基 3 井喷油

中华人民共和国成立前，石油工业十分落后。地质勘探没有统一计划，没有先进设备和资金保证，仅靠少数海外留学归来的地质专家在陕北、甘肃、新疆、四川等地区进行过石油地质勘探，共发现 5 个小油田和 7 个小气田，累计发现石油储量 2900 万吨，年产原油 12 万吨，那是靠"洋油"过日子的时代。

新中国成立后，我国石油天然气勘探进入大发展。但由于受到诸多因素影响，发展速度仍很缓慢，1949—1958 年累计探明石油储量仅 3.05 亿吨，累计探明天然气储量 101.16 亿立方米，年生产原油 147 万吨，年产天然气 1.0643 亿立方米。第一个国家五年计划期间，石油工业部是唯一没有完成产量计划的部门。

石油工业部对石油发展战略进行了新的部署，改变了以往石油工业人力、物力全部集中在大西北的现状，加强对东北松辽盆地、华北等地的勘探力量，奏响了石油勘探战略东移的序曲。1958 年 4 月在东北成立了松辽石油勘探局，在一望无际的松辽平原上，石油勘探大会战打响了！

经过地质工作者长期野外调查，在松辽盆地证实了存在含有大量古生物化石的暗色地层，这可能是很好的生油层。在地质部钻的一些浅井中见到了含油的岩心，更证明了松辽盆地确实有油生成。那么油在哪里呢？由于最早钻探的松基 1 井和松基 2 井见到的是较薄的生油层，且没有见到油气显示，下口井怎么部署就成了能否获得突破的重要问题。

为了尽快发现大油田，一大批地质专家夜以继日地分析研究，决心把松基 3 井的位置确定在油气远景最好的地区，既兼顾地层又探油气，争取做到"一箭双雕"。他们翻阅了大量资料，发现电法资料上显示在大同镇高台子附近有个隆起，重力图上也有重力高异常显示。这个重力高带正好位于 26 万平方千米坳陷区的中央，是生油层最厚的地方，又是坳中隆起，对油气生成、运移、聚集最为有利。专家们经过反复研究，认为这是一个最有把握找到油气的位置。1958 年，由张文昭、钟其权等地质家拟定的《松基 3 井井位意见书》上报石油工业部。在随后做的地震大剖面上也证实所选井位是个高点，遂向石油工业部再次补报了《补充松辽盆地松基 3 井井位选定依据》报告，1958 年 11 月 29 日石油工业部批复同意松基 3 井井位。

松基 3 井于 1959 年 4 月 11 日开钻，8 月下旬完井试油，9 月 26 日开井放喷，日产原油 14.9 吨。在中国人民欢庆国庆十周年的时候，英雄的大庆人登上天安门，向党和国家领导人报捷，"大庆油田"据此命名（图 4.25、图 4.26）。

图 4.25　1959 年 9 月 26 日，松基 3 井喷出工业油流，标志着大庆油田的发现

图4.26 大庆油田发现井——松基3井（摄影：郑勇）

1960年2月，党中央批准石油工业部关于开展大庆石油会战的报告。在全国上下通力支持下，各路石油大军很快云集大庆，一场夺油大仗开始了。

图4.27 大庆油田铁人广场（摄影：郑勇）

从松基3井喷油发现油田后仅用了七个月的时间，松辽盆地百里长垣上的七个背斜构造均见工业油流，显露出一个大油田的英姿。1960年探明石油储量2.8456亿吨，1961年更是大放异彩，拿下探明石油储量20.6211亿吨，其发展速度之快，时效之大，不但在中国，就是在全世界大油田的勘探历史上也是少有的典型。从此，大庆油田的名字享誉全国，中国的石油工业开始腾飞了（图 4.27）！

4.14 吹响勘探的"进军号"——从"野猫井"到发现井

在石油工业界，特别是钻井领域，曾经广泛流行着一个别名——"野猫井"，那是从美国传入的。

19 世纪中后期，美国得克萨斯州石油勘探的初期，在荒野里钻井的工人们经常听到从附近的草丛和树林中传出的野猫的叫声，人们就把这类勘探初期单独钻探的石油普查井，且可以遇到油气喷发的钻井称为"野猫井"。20 世纪 80 年代被改译为"勘探井"，成为专业人员认可的标准术语。精心准备、精细部署的勘探井极有可能成为一个大型油气田的发现井！

石油勘探井是油田勘探开发的"第一枪"，是开启地下油气宝藏大门的金钥匙，而石油发现井就是吹响的"进军号"。下面，就让我们领略一下各油气田发现井的风采吧！

延 1 井：中国陆上第一口油井位于陕西省延长县城西的石油希望小学操场，这是中国大陆第一口油井，于 1907 年由清政府在陕北延长所钻。"延 1 井"揭开了我国以工业方式开采石油历史性的一页，虽然日产原油仅 1 吨多，但从此结束了中国大陆不生产石油的历史，在中国石油工业史上起到了奠基作用。此井保存至今，作为历史的见证。

老君庙 1 号井：发现玉门油田。1939 年 3 月 13 日，玉门油田的开拓者、中国杰出的石油地质学家孙健初等人在玉门老君庙原址以北 15 米处确定井位，石油日产量达到 10 吨。孙健初将该油田命名为老君庙油田，将这口油井命名为老君庙 1 号井，从而揭开了开发玉门油田的序幕。

克 1 号井：发现克拉玛依油田。1955 年 7 月 6 日，克 1 号井正式开钻，承担钻井任务的是 1219 青年钻井队。10 月 29 日，克 1 号井喷出油气，标志着新中国成立后第一个大油田——克拉玛依油田的诞生。

松基 3 井：发现大庆油田。

华 8 井：发现胜利油田。华 8 井位于山东省东营村东 1500 米，于 1961 年 2 月 16 日开钻，4 月 16 日华北石油勘探处试油队用 9 毫米油嘴试油，日产原油 8.1 吨。这是华北平原和渤海湾地区石油勘探的重大突破，也是发现胜利油田的重要标志（图 4.28）。实现了华北盆地早期

图 4.28　胜利油田发现井——华 8 井

找油的新突破，也是华北石油大会战的开端，相继发现了大港、华北、冀东、中原等大油田。

任 4 井：发现华北油田。1975 年春节前夕，大港油田钻井二部 3269 钻井队冒着风雪搬到了任丘——辛中驿构造南部的任 4 井井位处。5 月 27 日，当钻至 3153 米时钻头进入了古生代地层，地质班的一位值班员发现了 8 颗油砂。完钻以后，出油日产量高达 1014 吨，是冀中地区第一口日产千吨的高产油井，它揭开了我国第一个古潜山大油田——华北油田的神秘面纱，也打开了碳酸盐岩找油的新领域（图 4.29）。

辽 2 井：发现辽河油田。1965 年 7 月 16 日，地质部第一普查大队在辽河盆地东部凹陷黄金带构造上钻探辽 2 井时，获得工业油气流，从而发现了辽河油田。

黄 3 井：发现大港油田。1961—1963 年，地质部第一普查大队在渤海湾盆地黄骅坳陷进行调查研究，位于该坳陷羊三木构造上的黄 3 井于 1963 年 12 月 3 日经试油获得工业油流。石油工业部于 1963 年 7 月做出决定，调

图 4.29 华北油田发现井——任 4 井

集大庆油田的勘探队伍到河北地区进行大规模的石油勘探,从而发现了大港油田。

濮参 1 井:发现中原油田。1975 年 7 月,河南油田 3282 钻井队承钻濮参 1 井,9 月 7 日钻达井深 2607 米时,突然发生井涌,原油从井口喷涌而出。该井成为中原油田的发现井。

庆 1 井:发现长庆马岭油田。1970 年 9 月 26 日,位于庆阳马岭镇的庆 1 井出油,日喷原油 36.3 吨。庆 2 井、长 7 井和长 10 井也相继出油。庆 1 井被确定为长庆油田的功勋井。

陕参 1 井:我国中部气田第一口天然气井。这口井位于鄂尔多斯盆地中部,1989 年在下古生界奥陶系石灰岩中获高产工业气流,为发现我国目前最大的整装气田揭开了序幕。

台参 1 井:发现吐哈油田。这口位于哈密盆地的科学探索井于 1987 年 9 月开钻,1989 年 1 月喜获工业油流,发现了鄯善油田,该井成为吐哈油田的发现井(图 4.30)。

图4.30 新疆吐哈油田发现井——台参1井

图4.31 中国海上第一口油井——海1井

海1井：1967年6月，石油工业部海洋勘探指挥部3206钻井队用自己设计制造的1号固定式桩基钢钻井平台，首次在渤海西部海1构造断裂带钻成海1井，井深2441米，在1615~1630米井段测试，折算该井日产原油35吨、天然气1941立方米。这是渤海海域第一口发现井，也是我国海上第一口工业油流井，标志着中国海洋石油工业的发展进入了一个新阶段（图4.31）。

4.15 油气田是怎样找到的之一：揭开盆地的秘密

石油是地球历史发展的产物，油气田是油气在地质发展过程中生成、运移、聚集的结果。所以，找油就是应用各种必要的和可能的侦察手段，认识地质构造及其发展特点，达到找到油气田的目的。

虽然对不同地区、不同地质条件、不同类型油气田的勘探方法有所不同。但在石油勘探过程中，大体上都要经过由大区域到局部、由浅入深、由表及里逐步加深认识的三个阶段，才能找到油气田，并且把它搞清楚。

一个盆地，面积一般都有几万平方千米甚至几十万平方千米。在这样的大盆地里，找油从哪里下手呢？

在一个盆地内开展石油勘探，主攻方向选择是不是正确，是十分重要的。要选准找油主攻方向，关键问题是对地下石油分布规律有所认识。为此要对盆地的全局有所了解。

揭开盆地的秘密，首先要搞清盆地的基底情况，如基底起伏、基底岩性、基底性质、基底时代和发展历史等。对基底这些情况了解了，就可以知道一个沉积盆地的基本形态是什么样的，它有多长的发展历史。

接下来就是要了解盆地内部情况。盆地里有什么样的地层？有没有生油层、储油层？盆地内部的结构构造情况怎样？哪儿有背斜？哪儿有断裂？这些问题要继续进行调查，而了解这些情况就要靠野外地质调查及重力、磁力及地震等地球物理方法相结合。

上述方法能让研究人员大大缩小研究范围，了解地下的一些情况，但它毕竟是第二性的东西，常常有一定的推断性和多解性。对于有没有生油层、储油层及油气储存等关键地质问题，还不能给以肯定的答复。要搞清这些问题，必须用钻井取得第一性资料。

一个盆地一开始进行石油勘探，不可能钻很多探井。探井的分布要照顾全局，尽量使这些探井分布在盆地的不同部位。原则上这些探井要尽量钻穿全部沉积地层。通过钻井过程中获取的岩心、岩屑、测井、录井等资料，对所钻全井地层剖面中沉积岩层顺序、时代、岩性、基岩状况有全面了解，对盆地的生油层、储油层、盖层等石油地质情况有初步的分析和认识，这样，对盆地的整体情况有了判断，就可以找准主攻方向，发现油气田。

4.16 油气田是怎样找到的之二：找准主攻方向

要想把油气田找出来，最终要落实到钻井。那么，这些探油的钻井打在哪里是最有效的呢？这就要在一个盆地里选准找油的主攻方向。

一个沉积盆地并不是任何地方都分布着石油。只有那些盆地基底长期下降的深坳陷及其周围，才是油气分布的有利地区。

深坳陷是一个盆地沉积岩最厚，也就是基岩埋藏最深的地方。但也不是所有沉积岩厚的地方都是深坳陷。深坳陷是在沉积盆地形成和发展过程中，始终（或在主要时期）处于稳定下沉的地区，也常是湖泊的中心。为什么深坳陷及其周围油气最丰富呢？

首先，那里是有利的生油地区，一个深坳陷就好像一个天然的"石油制造厂"。那里的沉积环境比较稳定，生物发育，保存条件好，沉积物也比较细，在漫长的地质历史中生成了大量的石油，为油气田形成提供了充足的油源。

其次，由河流携带的大量较粗的碎屑，在坳陷周围形成良好的储油层。生油层、储油层常组合在一起重复出现，多套组合就可以为形成大油田提供充分的物质条件。

最后，深坳陷中油气的保存条件较好，因此，深坳陷不仅为油气田的形成提供了物质基础，也创造了其他条件，所以油气最丰富。

从我国陆相沉积盆地的油气藏、海相碳酸盐岩油气藏，以及独具特色

的"古潜山"油气藏的形成与分布规律可以看出，在一般情况下，油气都储藏在深坳陷及其周围。"近水楼台先得月"，深坳陷周围那些能使油气聚集起来的场所——各种圈闭，形成油气田的机会最多，是寻找油气田的主要目标。

在查清盆地基本地质构造特征的基础上，那些生、储油层都很发育的深坳陷就是找油的主攻方向。在深坳陷及其周围有利构造带上部署探井，找到油田的概率往往大得多。

4.17 油气田是怎样找到的之三：解剖构造带，精心部署钻探

油气田在一个含油区域内，常常不是孤立存在，而是在一个构造带的控制下成群、成带分布。

一个构造带上的局部构造都是同一地质历史时期形成的，它们有相同的地质成因和共同的发展历史。所以当石油从深坳陷运移出来的时候，它不是单独进入某个构造，而是在一定面积内，由近到远、由低到高，进入各个构造。当某一构造带处于油源充足的深坳陷附近时油气可以运移到各个构造，使得构造带上的各个局部构造都可能充填油气。石油勘探中，在一个构造上发现了油气藏，往往是发现一系列油气藏的开始。要有效地探明油田面积，就应以发现构造带整体含油为目标，综合部署钻探。

那么，对目标构造带如何进行整体解剖？

在确定井位时要精心部署探井，探井不但要打在构造的高点部位，也要打在构造的低部位。这样部署就能用较少的探井了解整个构造带的情况。这是由于它既抓住了油气在构造中分布的共性——油气主要分布在构造中较高的部位，也抓住了它的个性——油气还可以富集在构造较低的部位。例如，大庆油田第一批探井打在局部构造高点上，见到石油后，并没有围着这几个孤立的高点打转，而是在低部位上也精心布置探井，结果发现低部位上也有

丰富的石油，证实了整个构造带全含油，很快拿下了大油田。相反，一口井见到了油以后，有的往往是围绕着出油的井，一步一步向外打井，这种办法看起来稳妥，但往往会把成群、成带分布的大油田丢掉。

在勘探目的层上，要注意已知目的层，也要注意未见油的可能目的层，既要注意深层也要注意浅层。这是因为我国多数沉积盆地，在动荡的地质环境中，生、储油层重复多次出现，往往经过深入钻探，还会发现新的储油层。

在钻探构造带时，要始终把大油田放在首位，因为现在世界上已发现的油气田虽有数万个，但石油产量的75%却是从极少数的一些大油田中采出来的，石油主要的储量和产量，也只集中在少数几个大油气田中。因此，合理部署钻探工作，把迅速发现大油田放在首位，对加速石油工业的发展是十分重要的。

在找大油田的同时，对小油田、低产油田也不要忽视。对于低产油田，通过技术改造，有可能变低产为高产；对大面积分布的一些小油田，不应孤立地看待它们，应综合分析，加强深、浅层及不同类型油气田勘探，使其形成大油田。

对构造带部署钻探时，不能因为一两口井失利而放弃整体，也不能因为一两口井获得高产就急于下结论。只有坚持构造带的整体钻探工作，才能达到寻找大油田的目的。

中国的石油地质条件虽然比较复杂，但是石油技术人员坚持综合评价、整体部署，始终以有利的构造带作为钻探对象，拿下了一个个大油田（图4.32）。

 四 茫茫大地寻油气

图 4.32 海上石油钻探

五 资源的利用与保护

油气作为矿产资源,为人类经济社会发展提供了动能;但它也是化石能源,是不可再生的资源,不能无限制地利用甚至浪费。全球油气资源主要分布在哪些国家和地区,其储产量如何,为什么中东会有"世界油库"之称?在油气对外依存度居高不下的今天,如何保障我国的能源安全?

5.1 保护不可再生的油气资源

矿产资源是人类生存、经济建设和社会发展不可或缺的重要物质基础。人类物质财富的创造积累过程，都是以矿产资源的索取为开端，不断对其进行不同层次、不同程度的加工，进而创造更多的财富。当今世界，92%以上的一次能源、80%以上的工业原材料和70%以上的农业生产资料，都取自矿产资源。可以说，矿产资源是地球赋予人类的宝贵财富，是兴邦安民的重要条件，是国家安全的战略保障（图5.1）。

矿产资源的形成，经历了亿万年的地质历史过程，相对于人类几百年的工业化对矿产资源的消耗速度，存在时间上的巨大不匹配。可以说，矿产资源都是不可再生资源。

我们通常把石油、天然气和煤炭称作"化石能源"，明确了时间在其形成过程中的必要性。最早的煤炭形成于植物登陆的泥盆纪（约4亿年），昌

图 5.1 人类文明发展需要消耗巨量资源

盛于植物大发展的石炭纪（3.6亿年）。人们开采的最"年轻"的石油距今也已经有2300万年（古近纪），最"年轻"的天然气形成于200万年前（第四纪），而发现的最古老的石油和天然气距今已达16.4亿年（元古宙）。

人类数千年的文明史，相对于漫长的地质发展史，不过弹指一挥间。而人类大规模开发利用矿产资源，不过是工业革命以来几百年的事情，大规模利用油气资源仅仅百余年。就此而言，油气资源都是不可再生的，用一点少一点，如果不加节制地开发和利用，就会加速这种不可再生资源的消耗（图5.1）。

那么，油气资源会消耗完吗？

从全球范围来讲，近年来发现的油气资源越来越多，储量越来越高，全球油气供需市场偶尔还出现供过于求的状况。但是我们也要看到，全球油气勘探已经转向越来越复杂的地区，勘探难度越来越大。对于我国而言，情况更为复杂。随着经济的持续发展，我国已经成为世界最大的油气进口国，石油和天然气对外依存度越来越高。近年来，我国找到中浅层常规大型油气资源的可能性越来越小，油气新增探明地质储量的75%为特低渗透、低渗透和非常规油气，优质油气资源明显减少，待探明油气资源品质整体变差，低渗透、致密、深层和深水等资源约占80%，油气勘探开发的主战场已聚集到万米深地、千米深水、非常规油气和老油气田高效开发等"两深一非一老"油气资源。这些油气资源，地下地质情况极为复杂，工程技术要求也更高。万米超深层已超出目前人类油气地质认识和勘探开发深度下限，远海深水油气对勘探开发理论与技术装备也提出新要求。

长庆油田低渗透及非常规油气勘探开发视频

正如铜铁的出现不是因为石头用完了，新的能源利用方式的出现，也不是因为油气资源的枯竭。近年来，我国大力发展风能、太阳能、地热能、氢能等新型能源，取得了快速发展，我国资源储量丰富的煤炭在新技术的助力下也将得到清洁高效利用。相信在不久的将来，新型能源一定会成为传统化石能源的重要补充，我们的天会更蓝，水会更清。

5.2 发现的油气资源能采出多少？

找到油气田，特别是大型油气田，是石油人最高兴的事情。那么，找到的油气资源能全部都被开采出来吗？答案是否定的。

从宏观上讲，由于油气藏的类型、地下油气的储存条件不同，油气藏的压力不同，采出的量就不一样，比如有的油气藏地层压力大，油可以自己喷出来，有的压力小，就得用抽油机抽，如果遇到孔隙度和渗透率都很小的"非常规"致密油气藏，就需要用特殊的办法才能把它弄出来。

从微观来看，由于地下的油气存在于不同类型的砂岩颗粒孔隙中，或地层的裂缝、孔洞中，不同种类的油气又有不同的物理、化学性质，比如有的油黏度大，有的油黏度小，黏度小的就容易采出来，粘在砂岩颗粒（或孔洞、裂缝）表面上的油就不容易采出来。

由于上述宏观与微观的原因，再加上人为因素，诸如开发方式的好坏、开采工艺技术的高低等，都会极大地影响采收率的大小。

当然，现在采不出来的储量，不等于将来也采不出来。就像那些定期存款，没到期，你就不能随便把它取出来，但到未来技术发展了，就可以采出来了。比如以前的开发禁区"致密油气藏""特低渗透油气藏"及页岩油、页岩气藏等，目前就已经可以投入工业化开采了。

石油人常用采收率这个术语表示油气的采出程度，表示采出的油气数量与油藏地质储量的比值。

受地下地质条件变化及技术发展等因素影响，采收率也是在变的。一般而言，常规油田的采收率在 30%～50% 之间。以大庆油田为例，目前采收率已达到 50% 以上，部分油田甚至高达 70%。这主要得益于大庆油田采用先进的三次采油技术和持续的技术创新。而对于页岩油气，采收率分别为 6%～10% 和 18%～23%，若通过技术进步提高 10 个百分点的采收率，那油气产量将得到极大提高。

依靠地层原始能量采油,叫一次采油,但是只能采出地下油藏储量的有限部分。为了提高采收率,人们不断地改进采油的技术和方法,在依靠天然能量开采已接近枯竭时,往油层里注水(当然是加工过的水)以增加地层能量的办法叫二次采油。目前已经形成了三次采油技术系列,即化学驱、气驱、热力驱和微生物驱。热力驱包括蒸汽吞吐、热水驱、蒸汽驱和在地下油层内点火加热,把剩余的油"赶出来"的火烧油层等;微生物驱包括微生物调剖或微生物驱油等(图5.2)。

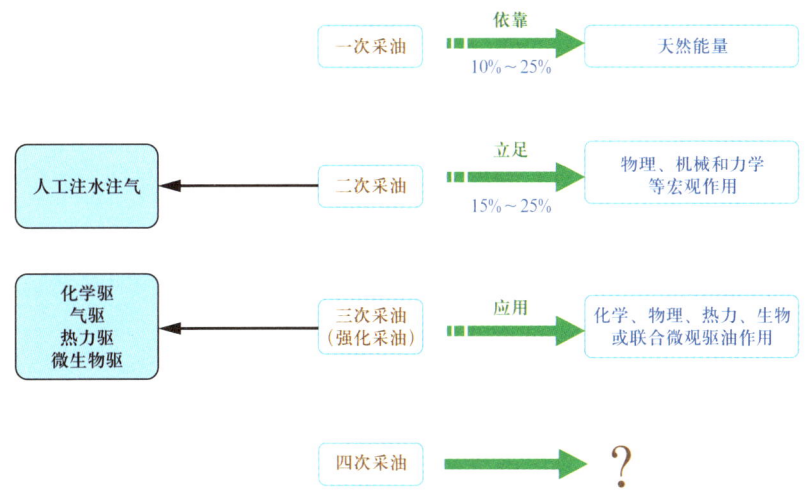

图 5.2 提高油气采收率的技术方法

随着科技的发展,很多油田从开发早期就采用了注水或注气等二次采油法,如果措施得当,这类油气田还是能够产出相当丰富的油气资源的。

> **小贴士**
>
> 一次采油:油田处于青壮年时期,通过地层自身能量轻松将油气送到地面。
>
> 二次采油:巅峰已过,需要采取激励措施(注水、注气)才能将油气顶到地面。
>
> 三次采油:需要"吃补药"或各种物理化学的刺激才能将油气顶到地面。

5.3 祖国遍开"石油花"

锦绣中华大地，到处飘散着石油的芳香，北起黑龙江畔，南至宝岛台湾和南海，从天山脚下到东海之滨。大江南北，黄河上下，钻机星罗棋布日夜轰鸣，输油管道如条条巨龙横跨祖国东西，祖国遍开"石油花"！

从东到西，中国陆上分布着松辽、渤海湾、鄂尔多斯、柴达木、准噶尔、塔里木等大型含油气盆地，以及南襄盆地、苏北盆地、二连盆地、三塘湖盆地等中小型盆地，建设了大庆、辽河、华北、青海、塔里木等油田，海上也建设了渤海、东海及南海等海上油田（图5.3）。

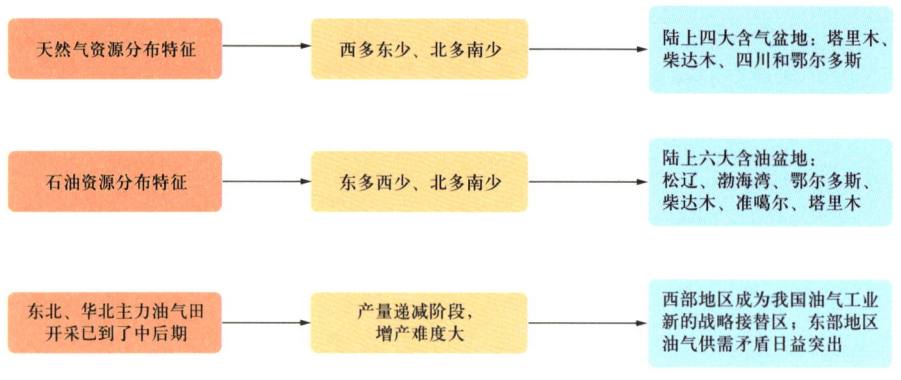

图5.3 我国油气资源分布特征

依据中国的区域地质构造格局特点，含油气区被划分为西部含油气区、中部含油气区和东部含油气区。三个含油气区的划分与我国地理分布特点在区位上是基本相同的。

中国西部含油气区的沉积盆地多形成于造山带的挤压作用，形成了挤压造山带与大型沉积盆地相间排列的格局。在造山带前缘分布的盆地被称作前陆盆地，如准噶尔、塔里木、柴达木及藏北羌塘等盆地。在中间地块上分布的是山间盆地，其规模比前者小，如吐哈盆地、河西走廊盆地群等。

中国东部含油气区中的含油气盆地一般属于裂谷带拉张型盆地，以断陷—坳陷型为特色，断裂发育，构造相对复杂。主要含油气盆地陆上有东北的松辽盆地、华北的渤海湾盆地及华东的江汉盆地等，海上有北部湾、莺歌海、琼东南、珠江口、东海、台湾西部、南海中央、太平—礼乐滩等盆地。

中国中部含油气区属于克拉通过渡型盆地，构造活动相对稳定，沉积盆地大，但数量不多，主要有鄂尔多斯、四川等大型盆地，以具有丰富的天然气为特色。

正是中国大陆在漫长的地质历史时期中，经历了极为复杂的地壳运动的变化与改造，才形成了丰富多彩的油气田。

5.4 为什么中东有"世界油库"之称？

中东地区多年来一直是世界热点地区，包括巴林、伊朗、伊拉克、以色列、约旦、科威特、黎巴嫩、阿曼、卡塔尔、沙特阿拉伯、叙利亚、阿拉伯联合酋长国、也门、巴勒斯坦和土耳其15个国家和地区，面积约626万平方千米。

中东地区拥有非常丰富的石油，历来是大国博弈及利益争夺的战场，造就了该地区是世界上局势最不稳定的地区之一。

中东的石油工业从1908年伊朗发现石油开始，至今已有百余年历史。中东石油地质条件得天独厚，形成的油田数目多、储量大、油井产量高、油层埋藏深度适中，同时，具备良好的交通条件，石油生产成本低，油气开发效益极高，潜力巨大。

中东地区盛产石油的主要原因在于此处属于亚欧板块、非洲板块和印度洋板块的交界处，从中生代的三叠纪到白垩纪，被子植物和裸子植物生长茂盛，那里的浮游生物繁殖快，种类多，气候适宜，古时候的动物植物、藻类、细菌等死后埋藏在缺氧的海湾、潟湖、三角洲，最后逐渐形成为石油。

根据最新的评价结果，全球常规油气可采资源量为 10966.5 亿吨油当量，其中常规石油可采资源量为 5712.6 亿吨，占比 53%；天然气 603 万亿立方米，占比 47%。常规油气资源分布由高到低依次是中东、俄罗斯、中南美、非洲、北美、中亚、亚太、欧洲。截至 2020 年底，已累计采出石油和天然气 2391.8 亿吨油当量，采出程度为 21.8%，剩余常规油气资源的勘探开发潜力仍然巨大（表 5.1）。

> **小贴士**
>
> 油当量：根据原油和天然气的热值，一般取 1255 立方米天然气 =1 吨原油折算而成的油气储量。

表 5.1 全球油气资源量分布表

序号	地区	资源量 / 亿吨油当量	全球占比 /%
1	中东	3599	33
2	俄罗斯	1742	16
3	中南美	1499	14
4	非洲	1116	10
5	北美	1051	9
6	中亚	748	7
7	亚太	674	6
8	欧洲	538	5

全球剩余油气可采储量分布于 82 个国家，其中俄罗斯、沙特阿拉伯、卡塔尔、委内瑞拉分别占 12.7%、11.9%、10.9% 和 10.4%。石油主要集中于沙特阿拉伯和委内瑞拉，分别占全球的 19.7% 和 20.5%；天然气主要集中在卡塔尔和俄罗斯，分别占全球的 20.3% 和 15.5%（图 5.4、图 5.5）。

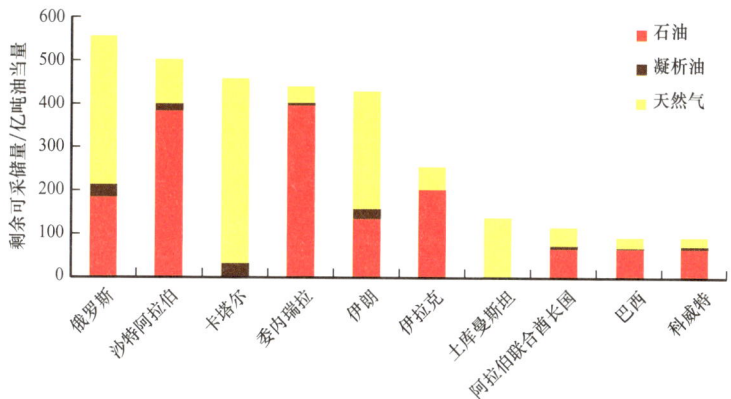

图 5.4　全球石油剩余可采储量前 10 的国家
资料来源：《全球油气资源潜力与分布（2021 年）》

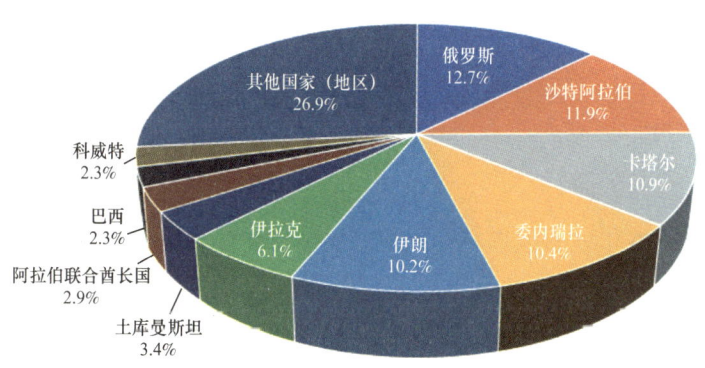

图 5.5　全球主要国家（地区）剩余可采储量

世界上剩余油气可采储量最高的是俄罗斯，剩余油气可采储量达 542.1 亿吨油当量，其中石油占 40%，天然气占 60%；沙特阿拉伯位居第二，达到 507.3 亿吨油当量，其中石油占 80%，天然气占 20%；卡塔尔排名第三，达 466.3 亿吨油当量，天然气占该国比例高达 92%。同时，伊朗、伊拉克、阿拉伯联合酋长国、科威特等国家油气储量也非常高，所以说中东是"世界油库"一点也不夸张。

5.5 石油会被采完吗?

石油对于人类太重要了,它已成为现代社会中不可缺少的能源,石油在世界一次能源消费中所占比例达到 40% 以上,那么,石油会被采完吗?

在 20 世纪 60—70 年代,国际上曾流行过"石油储量短缺、石油工业很快步入穷途末路"的预言。这些预言似乎也不是空穴来风,究其原因:第一,世界石油年消费量在 1950—1970 年的 20 年间增加了 3 倍(从 40 亿桶增至 165 亿桶),平均年增长率达到了 15.6%;第二,按照以往 7.5% 的历史平均年增长率计算,20 世纪的最后 30 年间(1971—2000 年),石油的总需求量就达 13000 亿桶;第三,从 1850 年石油工业开始兴起到 1970 年,全世界总共消耗了近 4000 亿桶石油,而到 1971 年,人类所有探明的石油储量只有 5200 亿桶,为了满足所预测的需求量,到 2000 年前大约还需增加 4 万亿桶储量。显然,全世界很难在短短的 30 年内再找出如此巨大的石油储量,在这种"石油不久就会枯竭"的悲观论调影响下,20 世纪 70 年代的石油价格暴涨。

但是,1970 年以后世界石油工业的发展并非像这种悲观论调所预言的那样,在 1971—1996 年的 26 年中,世界石油总产量仅为 5760 亿桶,在 20 世纪最后的几年中,全世界的石油探明储量以年平均 4.26% 增加。全世界并没有进入所谓的石油短缺时代,而是在供需基本平衡,储量充裕的状态下稳步发展着(图 5.6)。

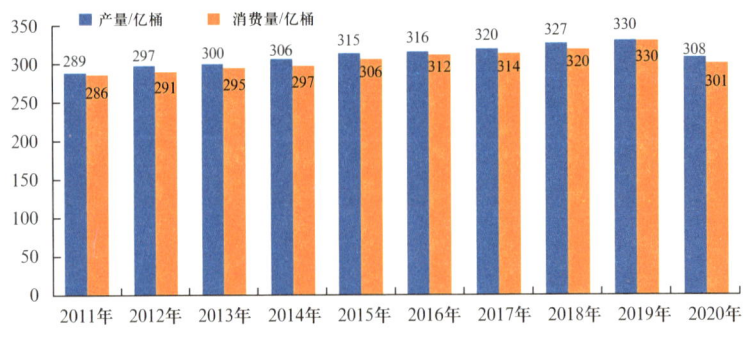

图 5.6　2011—2020 年全球石油产量及消费量情况

这些都与20世纪后30年国际政治格局和世界石油工业的发展密切相关。比如，这个时期通过对已发现的油田再评价而新找到的储量超过了原来的储量，原因在于人们对老油田已经有了新的认识，重新研究、评估的投资相对要少，风险也小，各国政府和相关的石油公司的兴趣都很高，中东的主要产油国对新油气区的勘探资金投入量下降，这与国际市场对石油的需求没有发生"大起大落"式的变化有关。各石油公司和资源国政府在石油工业中大量使用先进的技术手段，不断有新油田被发现。

经历了20世纪70年代的石油危机之后，人们加快了寻找新的替代能源的步伐，世界天然气探明储量明显快速增加，从1971年的40万亿立方米增至1996年底的150万亿立方米，近几年的增幅更大，天然气的使用量也在不断扩大，在一次能源构成中的比例已由1971年的16%，增至2020年的24.7%（图5.7）。

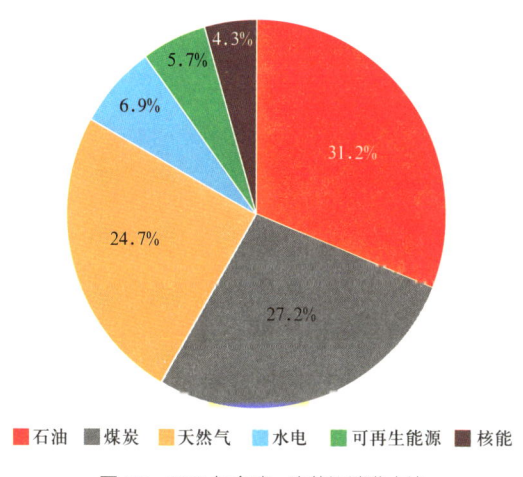

图5.7 2020年全球一次能源消费占比

随着地质理论和勘探技术的进步，原来没有被发现的一些新型油气田也逐渐被发现，如四川盆地的页岩油气、鄂尔多斯盆地的页岩油、准噶尔盆地10亿吨级砾岩大油田等。全球各地还有上百个未经勘探的沉积盆地，随着技术与资金的积累，这些地区很可能会有新的油气资源发现。

准噶尔盆地砾岩油藏勘探开发视频

当然，从长远看，世界石油工业的发展也许会更多地受制于需求而不是供应，而且，对环境保护的关注也迫使人类不可能无节制地扩大使用石油。从全球看，自20世纪70年代以来，天然气的发展速度已经超过了石油，这既是动向也是规律，一些产油大国也相继成为产气大国。目前已出现了天然气替代石油的强劲趋势（天然气发电、燃气锅炉、天然气/液化气汽车等）。核能、太阳能及储量极大的天然气水合物的全面开发利用也将进一步缓解石油需求的压力。

据此，可以大胆地预言，在可以预见的未来，人类对油气的开发利用不会陷于需求旺盛而供应枯竭的尴尬境地。

5.6 人类可以造出石油吗？

对于这个问题，答案是肯定的，人造（人工合成）石油的研究几乎是与天然石油的工业开发同步开展的。从20世纪初开始，在日益加强对地下石油勘探开采的同时，也在锲而不舍地寻找人造石油的有效途径。尤其是那些缺乏天然石油资源的国家，对人工合成石油的研究尤其感兴趣。

在众多的发明专利中，由德国化学家弗·费希尔（Fischer）和汉斯·托罗普希（Tropsch）于1923年创立的费—托合成法最为著名。费—托合成法是以氢和一氧化碳（或二氧化碳）为原料，在以铁为催化剂的作用下合成烃类。它的化学反应机理类似于植物的光合作用，即通过一氧化碳（或二氧化碳）的催化加氢作用和还原聚合作用形成有机化合物（图5.8）。

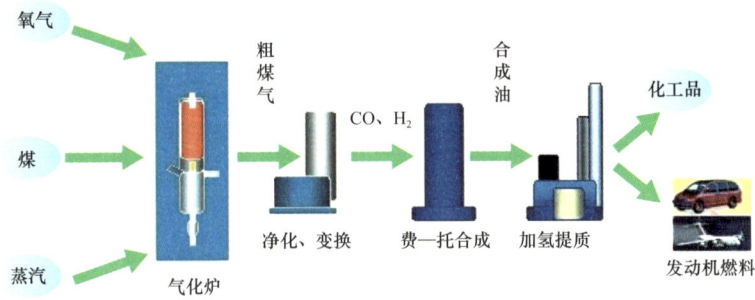

图 5.8 费—托合成法煤制油原理

这是目前依然在使用的人工合成石油方法。在第二次世界大战期间，德国的科技人员用这种方法实现了每年为德国提供 100 万吨合成油的创举。1955 年此法传入南非，目前南非的合成能力已高达 650 万吨／年，合成石油已经在南非石油消费总量中占有重要地位。

美国太平洋西北巴特尔实验室提出了一种利用污泥制造石油的简易方法。他们先把下水道和河道中的污泥进行浓缩，至少使其体积减少到以前的 20%，然后加入强碱，在加压的条件下把这种污泥与强碱的混合物转化成石油类物质，再加工成燃料。

加拿大和德国的科学家发明的"低温转变法"也能把一些污泥化为石油物质。这种制造过程还能得到 30% 浓度的昂贵的脂，这是一种成本低且有利于环保的方法，已引起许多国家工业部门的重视。试想一下，一旦那遍布全球的污泥经过工艺处理，可以变为宝贵的石油，该是一件多么令人激动的事啊！

藻类是生成石油的重要物质，从理论上讲，含有丰富油脂的藻类是可以用来制造石油的。美国科研人员就研制成功了这种技术。用此法生产出的石油主要成分是汽油。它是将藻类通过裂化和酪基转移反应转化为汽油及其他油类。这是一种比较昂贵的制造石油技术，有人在 20 世纪 90 年代后期曾估计，用这种方法制成的汽油价格可高达近 500 美元／吨，因此这种方法并没有得到推广应用。

在广大的农村地区，人们大多把木材或草木、庄稼秆之类的植物纤维素直接燃烧，不但热值不高，利用率低，而且污染环境。人们在想方设法提高这类物质的利用率时，发现可以用它来制造石油！20 世纪 90 年代初，英国科学家通过发酵加工并结合一些化学方法，将新鲜的青草等植物纤维素转化为燃料油。现在，这项技术在农业发达的国家和地区得到大规模开发利用。

还有资源量巨大的餐饮废油（俗称地沟油），经过提炼处理变废为宝，生产出了航空煤油等。从技术上生产人造石油的方法还是很多的，但目前最经济有效的还是天然石油。

5.7 煤"变"油可行吗？

"煤变油"曾经是社会上盛传的一个故事，但煤炭不能直接转化成石油。煤由远古时期的植物形成，包括高等植物和低等植物。植物遗体大量堆积是成煤的物质条件，高等植物形成的煤叫腐殖煤，低等植物形成的煤叫腐泥煤。由高等植物和低等植物共同形成的煤叫腐殖—腐泥煤。

全世界煤的可开采资源是巨大的，其能量值相当于石油资源的10倍，甚至更多。煤和石油的形态、形成历史、地质条件虽然不同，但是它们的化学组成却大同小异。煤中含碳80%~85%，含氢4%~5%，平均相对分子质量在2000以上。石油含碳85%，含氢13%，平均相对分子质量在600以内。从组成上看，它们的主要差异是含氢量和相对分子质量的不同，只要人为改变压力和温度，设法使煤中的氢含量不断提高，就可以使煤的结构发生变异，由大分子变成小分子。当其碳氢比降低到和石油相近时，煤就可以液化成汽油、柴油、液化石油气等石油产品了。同时还可以开发出附加值很高的上百种产品，如乙烯、丙烯、蜡、醇、酮、化肥等，综合经济效益十分可观。

"煤变油"可以是一个间接的过程，即煤炭的液化，是指以煤炭为原料制取汽油、柴油、液化石油气的技术。煤的液化分直接液化和间接液化两种。直接液化就是煤在高温高压下加氢裂解，转变成油料产品；间接液化就是先对原料煤进行气化，得到一氧化碳和氢气的原料气，然后在高温、高压，以及催化剂的作用下合成有关油品或化工产品。

经典的煤变石油工艺是把褐煤或烟煤粉与过量的重油调成糊状（称为煤糊），加入一种能防止硫对催化剂中毒的特殊催化剂，在高压釜里加压到20266~70931千帕并加热到380~500℃，在隔绝空气的条件下通入氢气，使氢气不断进入煤大分子结构的内部，从而使煤的高聚合环状结构逐步分解破坏，生成一系列芳香烃类的液体燃料和烷烃类的气体燃料。一般约有60%的煤能转化成液态燃料，30%转化成为气态燃料（图5.9）。

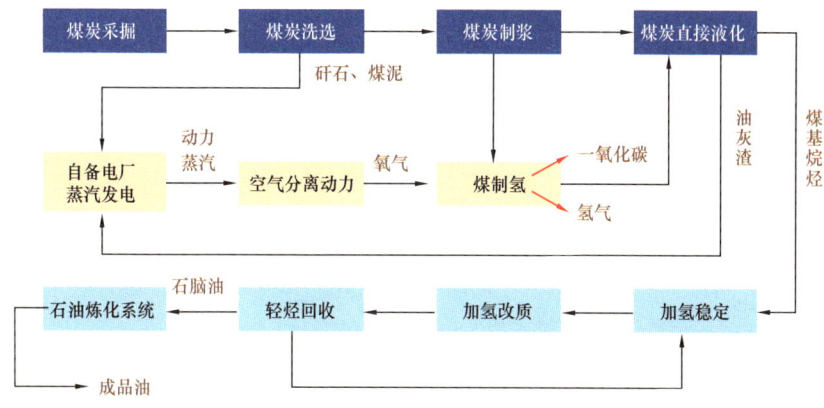

图 5.9 煤变油的工艺流程

"直接液化"是对煤进行高压加氢直接转化成液态产品。早在第二次世界大战之前，德国就注意到了煤和石油的相似性，从战略需要出发，于 1927 年建立了世界上第一个煤炭直接液化厂，年产量达 10 万吨；1944 年达到 423 万吨，用来开动飞机和坦克。一些当时的生产技术，今天还在澳大利亚、德国、巴基斯坦和南非等地应用。

"间接液化"是先将煤气化，生产原料气，经净化后再行改质反应，调整氢气与一氧化碳的比例。20 世纪 50 年代，南非为了克服进口石油困难，成立了南非萨索尔公司，主要生产汽油、柴油、乙烯、醇等 120 多种产品，年耗煤 4590 万吨，年产合成油品 1000 万吨。

从产品上看，煤炭液化主要产品为汽油、柴油、航空煤油、石脑油、乙烯等重要化工原料，副产品有硬蜡、氨、醇、酮、焦油、硫黄、煤气等。

从质量上说，煤炭间接液化得到的汽油、柴油等均为优质产品，质量可达到甚至超过商品油标准。可见，煤变油是煤炭清洁高效利用的有效途径之一（图 5.10）。

> **小贴士**
>
> 煤的形成：经历两个阶段，泥炭化阶段和煤化阶段。前者主要是生物化学过程，后者是物理化学过程。泥炭化阶段，植物残骸既分解又化合，最后形成泥炭或腐泥。泥炭和腐泥都含有大量的腐殖酸，其组成和植物的组成已经有很大的不同。煤化阶段，泥炭层发生压实、失水、硬结等各种变化而成为褐煤，褐煤转变为烟煤和无烟煤。

231

图 5.10　蕴藏量极为丰富的煤炭是煤变油的基本保障

5.8　中国油气田之最

到 2020 年底，中国已发现的油田有 500 多个，探明石油储量近 220 亿吨，发现气田 185 个，探明天然气储量 2.56 万亿立方米。那么，这些油、气田都有哪些特色呢？

中国最大、累计产量最高的油田是大庆油田，曾经连续 27 年保持原油年产量 5000 万吨以上，累计产油 25 亿吨。最大的气田应属长庆气田，年产天然气超过 450 亿立方米。

我国油气田中位于最北边的油田是大庆油区海拉尔油田；最南边的油气田是海南岛以南莺歌海—琼东南盆地的崖 13-1 气田及乐东 22-1 气田；最靠东的油气田，陆上为大庆油田，海上为东海盆地黄岩 14-1 气田；最西边的油田为塔里木盆地西南的柯克亚油田。

青海油田的花土沟油田是地球上海拔最高的油田，它地处青藏高原柴达木盆地，海拔在 3000 米以上，长年无雨、风沙漫天。

2022年，中国十大油气田排行榜：

（1）长庆油田：年产油气当量首次突破6500万吨，天然气年产量更是历史性突破500亿立方米，刷新了国内油气产量当量新纪录，是当之无愧的中国第一大油气田，成为21世纪以来为国家贡献油气产量当量最大、增长最快的能源新坐标。预计到"十四五"末，油气年产当量将达到6800万吨。

（2）大庆油田：国内原油年产量连续8年保持3000万吨，天然气年产量超过55亿立方米，全年油气产量当量超3438万吨。国内外合计油气产量当量连续20年保持4000万吨以上。

（3）渤海油田：渤海油田油气产量创造历史新高，全年完成原油产量约3175万吨、天然气产量近35亿立方米，进一步巩固了全国第一大原油生产基地的地位。全年油气产量当量超3450万吨。

（4）塔里木油田：全年油气产量当量达到3310万吨历史新高，同比净增128万吨。其中生产石油736万吨、天然气323亿立方米，油气产量当量连续6年超百万吨增长。

（5）西南油气田：生产天然气376亿立方米，生产原油6.8万吨，油气产量当量突破3000万吨，创历史新高。

（6）胜利油田：生产原油2345万吨、天然气5.2亿立方米，油气产量当量为2386万吨。

（7）南海东部油田：产油气当量首次突破2000万吨，较2021年增产超过220万吨。2019年以来，南海东部油田大力提升勘探开发力度，4年增产原油540多万吨，占同期全国原油总增量的三分之一。天然气产量连续4年保持在60亿立方米以上，约占粤港澳大湾区天然气总消费量的四分之一。

（8）延长石油：油气产量当量首次突破1700万吨，达1765万吨，同比增长5%以上，创历史最高水平。其中，原油产量1148万吨，同比净增14.21万吨，实现连续16年保持千万吨以上稳产；天然气产量75.6亿立方米，同比净增4.2亿立方米，近10年年均增长超过148.5%。

（9）新疆油田：生产原油 1442 万吨、天然气 38.4 亿立方米，油气产量当量达到 1748 万吨，同比增长 100 万吨，连续 4 年实现百万吨级跨越。

（10）辽河油田：油气产量当量超千万吨，原油产量连续 37 年实现千万吨规模稳产。储气库日注气能力跃居全国第一、采气能力再创新高，调峰能力近两年翻一番。

5.9 全球油气资源知多少

2020 年，中国石油对外依存度达 73%，天然气对外依存度达 43%。"走出去"合理有效利用世界油气资源是中国油公司的时代责任和义务。了解全球油气资源分布情况，是我国石油公司走出去的基础和前提。

根据最新的评价结果，全球常规油气可采资源量为 10968 亿吨油当量，其中常规石油可采资源量为 5814 亿吨，占比 53%；天然气可采资源量为 603 万亿立方米，占比 47%（表 5.2）。常规油气资源主要分布在中东、俄罗斯、中南美、北美、非洲、中亚、亚太等地区。截至 2020 年底，已累计采出石油和天然气 2393 亿吨油当量，采出程度为 22%，剩余常规油气资源的勘探开发潜力仍然巨大，全球剩余油气可采储量为 4264 亿吨油当量，占全球常规油气可采资源量的 39%，主要分布在俄罗斯、沙特阿拉伯、卡塔尔等国家。预估的储量可以代表未来滚动勘探的潜力，主要分布于俄罗斯、沙特阿拉伯、卡塔尔、伊朗、美国等国家。

表 5.2　全球常规油气资源地区统计表

单位：亿吨油当量

地区	累计产量		已经证实的剩余可采储量		预估的可采资源量		合计
	石油	天然气	石油	天然气	石油	天然气	
北美	224	117	95	78	290	246	10510
中南美	183	65	522	102	471	157	1500

续表

地区	累计产量		已经证实的剩余可采储量		预估的可采资源量		合计
	石油	天然气	石油	天然气	石油	天然气	
欧洲	108	135	53	58	81	103	538
非洲	180	61	150	201	253	271	1116
中东	485	74	1010	956	545	530	3600
中亚	52	56	62	219	89	270	748
俄罗斯	253	220	213	329	255	472	1742
亚太	92	88	41	175	107	171	674
总计	1577	816	2146	2118	2091	2220	10968

资料来源：《全球油气资源潜力与分布（2021年）》。

全球非常规油气技术可采资源量为6354亿吨油当量，其中非常规石油技术可采资源量为4051亿吨，占比64%；非常规天然气技术可采资源量为269万亿立方米，占比36%（表5.3）。技术可采资源量大区分布由多到少依次为北美、中南美、俄罗斯、非洲、欧洲、中东、亚太、中亚（图5.11、图5.12）。随着经济有效开发技术的持续进步，非常规油气未来将成为现实的接替资源，特别是页岩油气资源。全球73%的非常规石油可采资源分布在北美、俄罗斯和中南美洲。美国、俄罗斯、加拿大、委内瑞拉、沙特阿拉伯等排名前五的国家占比超过66%（图5.13）。非常规石油中页岩油技术可采资源量为738亿吨，非常规资源占比为12%，重油技术可采资源量为1276亿吨，占比为20%；油砂技术可采资源量为631亿吨，占比为10%；油页岩技术可采资源量为1406亿吨，占比为22%。全球63%的非常规天然气可采资源富集在北美、中南美和俄罗斯。其中页岩气技术可采资源量为224万亿立方米，占非常规资源的30%；煤层气技术可采资源量为39万亿立方米，占非常规资源的5%；致密气技术可采资源量为7万亿立方米，占非常规资源的1%。美国、俄罗斯、加拿大、阿根廷、阿尔及利亚等排名前五的国家非常规天然气占比超过63%（图5.14）。

表 5.3　全球不同类型非常规油气资源大区统计表

单位：亿吨油当量

大区	非常规石油技术可采资源量				非常规天然气技术可采资源量			合计
	页岩油	重油	油砂	油页岩	页岩气	煤层气	致密气	
北美	314	325	403	545	635	145	46	2413
中南美	89	418	0	153	346	0	1	1007
欧洲	24	84	18	200	143	17	6	492
非洲	63	65	25	70	271	5	0	498
中东	59	181	0	63	137	0	2	441
中亚	17	45	59	0	23	0	0	144
俄罗斯	130	89	126	338	168	112	3	966
亚太	42	69	0	37	190	51	2	390
总计	738	1276	631	1406	1913	330	60	6354

资料来源：《全球油气资源潜力与分布（2021 年）》。

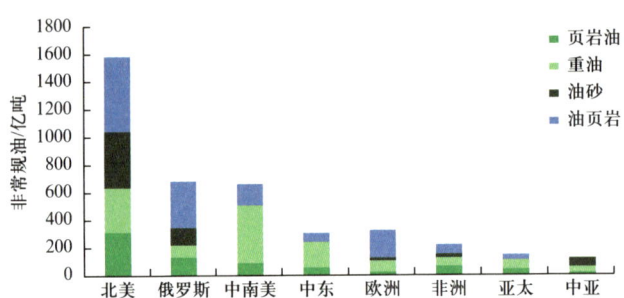

图 5.11　全球非常规石油技术可采资源量地区分布

资料来源：《全球油气资源潜力与分布（2021 年）》

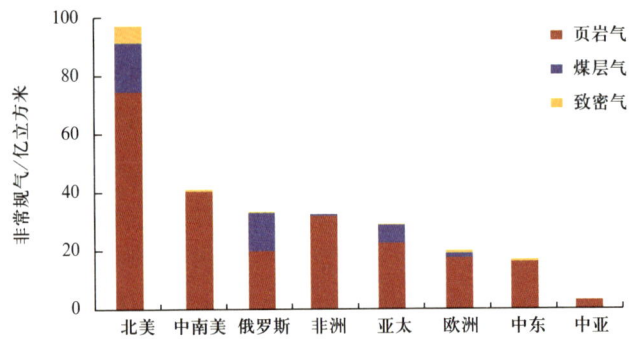

图 5.12　全球非常规天然气技术可采资源量地区分布

资料来源：《全球油气资源潜力与分布（2021 年）》

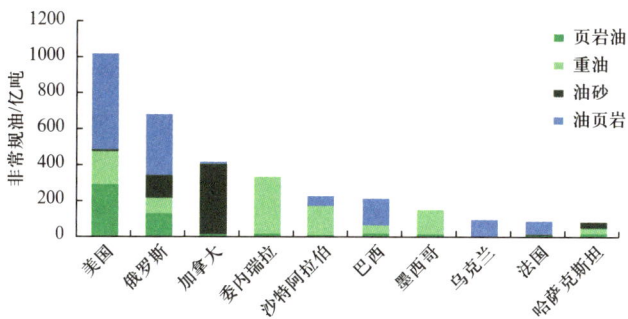

图 5.13　全球非常规石油技术可采资源量前十国家分布

资料来源：《全球油气资源潜力与分布（2021 年）》

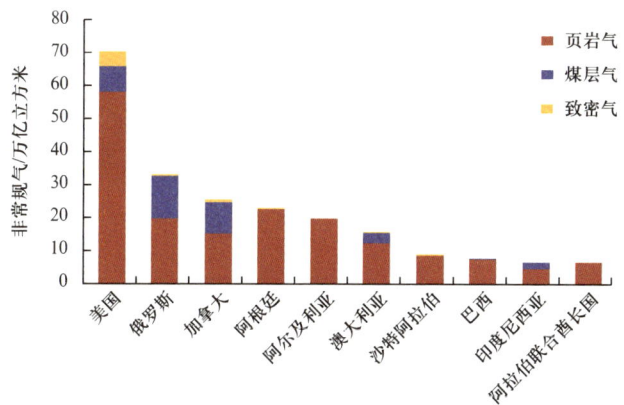

图 5.14　全球非常规天然气技术可采资源量前十国家分布

资料来源：《全球油气资源潜力与分布（2021 年）》

5.10　向地球的深度进军

石油勘探的初期，目标是几百米、上千米的油层。世界上一般油田的油层深度在 2000～3000 米，深的也只在 3000～4000 米。我国石油地质界一般将 4500～6000 米的地层称为深层，超过 6000 米的地层称为超深层。现在从地表到 8000 多米的深层都已发现了石油和天然气，最深的石油探井已超过 9000 米，最深的产油气井井深也在 8000 米以上。

据估算，全世界4500米以深，有可能勘探石油的面积超过1600万平方千米，那些沉积岩越厚的地方，深部找到石油、天然气的希望越大。

石油勘探的实践也证明：一个油区，在它的浅部或深部，都可能发现新的油气层；尤其是深部，找到新油气层的希望更大。石油地质学家估计，80%的老油田下面，都有新油气层存在。

深层发现的油气中含大量微量金属，镍/钒比高，有些气藏含有来源于上地幔的稀有气体——氦气，这是随碳氢化合物、CO、烃类、氮等及深部流体带上来的。

挺进地球的深部，探索未知的世界！

我国重点含油气盆地的勘探，特别是塔里木、四川和鄂尔多斯三大古老克拉通盆地的油气勘探逐渐向深层—超深层和中—新元古界层系拓展。2015年以来，我国深层石油产量从1.21亿吨增长到1.5亿吨，深层天然气产量从1054亿立方米增长到1400亿立方米。

2020年初，我国新疆塔里木盆地的轮探1井刷新了亚洲陆上最深井纪录，完钻井深8882米，井深超过珠穆朗玛峰海拔高度，为亚洲陆上第一深井（图5.15）。该井日产原油超百吨，日产天然气5万立方米，所发现的油层深度位于地下8200～8260米深处，刷新了全球古克拉通区油气藏深度纪录。近年来，我国在深层油气勘探不断获得新的发现，塔里木盆地、四川盆地、准噶尔盆地等在深层油气勘探都取得成功，我国的油气勘探投向万米深层（图5.16）。

塔里木盆地深层—超深层油气勘探开发视频

一深带万难，向地球深部进军并非易事。钻井到达一定深度极限后，每向下一米，其难度都面临着几何倍数增长。地下油气埋深过大，高温和高压让坚硬的钻井工具犹如面条一样柔软，给油气勘探开发带来前所未有的难题。在这种深层复杂地质环境下，常规钻探技术基本"打不成"井，更谈不上"钻得快""建得好"。

图 5.15　塔里木盆地轮探 1 井，完钻井深 8882 米，日产原油超百吨（摄影：吕殿杰）

茫茫荒原之上，面对深层—超深层钻完井"世界禁区"，面对"全球少有、国内独有"的工程难题，中国石油人没有退缩，他们扛起责任与担当，用智慧与勇气，完成了超深层油气勘探壮举。面对"无参考技术、无适配装备、无可靠经验"等巨大挑战，中国石油人十年磨一剑，实现了对地下数千米深处的油气"看得见""够得着""采得出"，找到了打开深部油气资源宝库的金钥匙，实现深地工程关键技术从"跟跑"到"并跑"再到"领跑"的跨越，建成全球最大超深超高压天然气开发基地，奠定了我国在世界超深油气领域勘探开发的领军地位。

图 5.16　四川盆地深层—超深层油气勘探

参 考 文 献

Theodore E.Theodoropoulos，2015.探寻能源的奥秘——石油、天然气和石化产品［M］.王大锐，译.北京：石油工业出版社.

陆如泉，2018.中国能源安全：远比想象中坚强［J］.中国石油石化，（12）：48-49.

门洪华，2012.确保中国能源安全的战略意义［C］//国情报告（第七卷）·2004年（上）.北京：清华大学国情研究中心，348-368.

闫建文，2019.回望石油发现井［M］.北京：石油工业出版社.

石宝珩，2003.石油史研究辑录［M］.北京：地质出版社.

石宝珩，葛泰生，1995.石油知识文萃［M］.北京：石油工业出版社.

苏德辰，陈志芳，孙爱萍，2019.奇美天成丹霞山［M］.北京：石油工业出版社.

苏德辰，孙爱萍，2017.地质之美［M］.北京：石油工业出版社.

孙赞东，贾承造，李相方，等，2011.非常规油气勘探与开发（上、下册）［M］.北京：石油工业出版社.

王大锐，2007.黑色金子［M］.北京：石油工业出版社.

王大锐，2018.假如世界没有了石油［M］.北京：石油工业出版社.

王大锐，齐兴宇，等，2006.走进石油：探索地下石油奥秘——石油地质［M］.北京：石油工业出版社.

张新安，张迎新，2007.让天然气在国家能源安全中发挥更大作用（二）——中国天然气资源战略研究［J］.国土资源情报，（10）：1-7.

邹才能，等，2013.非常规油气地质［M］.北京：地质出版社.

中国石油勘探开发研究院，2021.全球油气资源潜力与分布（2021年）［M］.北京：石油工业出版社.